三维动画模型与渲染

高等院校艺术学门类
"十四五"规划教材

□ 主 编 倪聪奇 毛 达 丁 硕
□ 副主编 谭 莹 韩 冀 周晓莹

A R T D E S I G N

华中科技大学出版社
http://www.hustp.com
中国·武汉

内 容 简 介

本书包括三维动画概述、Maya 2018 基础界面与操作、多边形道具综合练习案例——iPhone XS Max、多边形卡通风格场景综合练习案例——海边房屋、卡通角色建模及渲染案例——皮卡丘、次世代游戏操作案例——武器制作等内容。

本书的基础案例旨在让读者熟悉 Maya 的基本操作方式。iPhone XS Max 案例是一个写实案例,是让读者熟悉多边形模型的基础操作技巧以及 Maya 材质与渲染的实用技巧。海边房屋案例是一个卡通渲染场景案例,全面地讲解了多边形技术在场景中的应用、卡通风格的材质与海洋材质等制作内容,以及打灯的技巧。皮卡丘角色案例主要讲述了动画角色的制作要求和实用方法,并对 Maya 默认材质、Arnold 卡通材质、Pencil＋4 卡通材质进行了比较,给读者呈现了如今主流的"三渲二"应用手法。次世代游戏操作案例因为制作过程烦琐,所以主要是以制作思路为主,引导读者熟悉整个次世代游戏的制作流程,了解 CG 行业中精美的数字雕刻作品所运用的技术手段,为今后的深入学习和研究做好铺垫。

图书在版编目(CIP)数据

三维动画模型与渲染/倪聪奇,毛达,丁硕主编.—武汉:华中科技大学出版社,2021.4(2024.1重印)
ISBN 978-7-5680-6928-1

Ⅰ.①三… Ⅱ.①倪… ②毛… ③丁… Ⅲ.①三维动画软件 Ⅳ.①TP391.414

中国版本图书馆 CIP 数据核字(2021)第 049457 号

三维动画模型与渲染　　　　　　　　　　　　　　　　倪聪奇　毛达　丁硕　主编
Sanwei Donghua Moxing yu Xuanran

策划编辑:彭中军
责任编辑:段亚萍
封面设计:优　优
责任监印:朱　玢
出版发行:华中科技大学出版社(中国·武汉)　　电话:(027)81321913
　　　　　武汉市东湖新技术开发区华工科技园　　邮编:430223
录　　排:武汉创易图文工作室
印　　刷:湖北新华印务有限公司
开　　本:880 mm×1230 mm　1/16
印　　张:9
字　　数:292 千字
版　　次:2024 年 1 月第 1 版第 3 次印刷
定　　价:59.00 元

前言
Preface

　　我从事三维动画教学将近 15 年了,在感叹行业技术飞速发展的同时,也一直想归纳总结自己的教学内容和经验,撰写一本教材,以便于让愿意了解和学习三维动画的读者能够学有所鉴。

　　我本不是一个因循守旧的人,在稳定的大框架下,对每一届的学生都会准备不同的案例讲授。一方面,学生有新鲜感,我自己也不会觉得枯燥乏味;另一方面,这也是日新月异的技术发展对我们的要求。几年前的主流渲染模式,如今的新人估计根本就没有听说过。时代是在不断前行的,于是在编排本书内容的时候,我既考虑了传统基础知识,也囊括了目前最新的行业技术,以由简到繁的方式,引导读者一步步熟悉三维动画(Maya)中的模型与渲染实操技巧。

　　本书的基础案例旨在让读者熟悉 Maya 的基本操作方式。iPhone XS Max 案例是一个写实案例,是让读者熟悉多边形模型的基础操作技巧以及 Maya 材质与渲染的实用技巧。海边房屋案例是一个卡通渲染场景案例,全面地讲解了多边形技术在场景中的应用、卡通风格的材质与海洋材质等制作内容,以及打灯的技巧。皮卡丘角色案例主要讲述了动画角色的制作要求和实用方法,并对 Maya 默认材质、Arnold 卡通材质、Pencil+4 卡通材质进行了比较,给读者呈现了如今主流的"三渲二"应用手法。次世代游戏操作案例因为制作过程烦琐,所以主要是以制作思路为主,引导读者熟悉整个次世代游戏的制作流程,了解 CG 行业中精美的数字雕刻作品所运用的技术手段,为今后的深入学习和研究做好铺垫。

　　本书可以作为高等院校动画专业三维动画相关课程的教材,也适合对三维动画感兴趣的业余爱好者参阅。几个主要章节提供了文件素材或相关插件的百度云链接,方便读者进行同步练习。

　　本书得以完成,应当感谢一直支持我的家人和同事。书中难免会有一些不足,愿意与广大 CG 爱好者进行交流探讨,勉励同行。

倪聪奇

2020 年 10 月

目录
Contents

Sanwei Donghua Moxing yu Xuanran

第一章
三维动画概述

三维动画是一个非常宽泛的概念,狭义的三维动画就是我们常见的利用三维技术制作的三维角色动画剧集或电影;而广义的三维动画涉及生活中的方方面面,包括可视化领域的建筑漫游动画、三维游戏宣传动画、产品展示动画、施工及工作原理三维动画,甚至使用到三维技术的虚拟现实技术、增强现实技术等。三维动画是依托计算机硬件技术的快速发展而逐渐成熟和完善的,与二维动画一样,它同样也是视觉语言表现形式的一种,只不过制作过程的手段不同。

第一节
美国三维动画的起源与发展

美国著名的皮克斯动画工作室于 1986 年 8 月推出了第一部三维动画短片 *Luxo Jr.*(《小台灯》),内容为一大一小两个台灯蹦蹦跳跳地玩一个小球。该作品是首部完全使用计算机软件进行数字建模和渲染的三维动画,并参与了当年的 SIGGRAPH 计算机展览。《小台灯》一经推出立刻轰动业界,人们从来没有看过光影效果如此逼真且富有趣味的动画作品,原来动画不仅仅只是平面的,还可以如此真实。《小台灯》获得了 1986 年奥斯卡最佳动画短片的提名,同时也成为皮克斯动画工作室的标志,活跃于他们的每一部作品的片头(见图 1.1)。

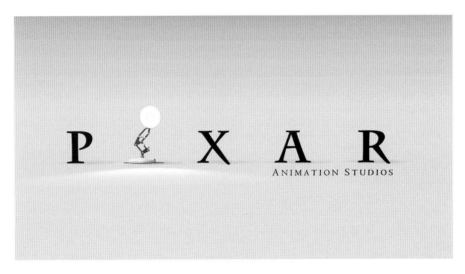

图 1.1　皮克斯动画片头画面

首部三维动画电影《玩具总动员》于 1995 年 11 月在美国公映,皮克斯动画工作室带给观众一个风趣幽默且精彩绝伦的玩具幻想世界。该片一举囊括了当年的奥斯卡特别成就奖、最佳原创剧本提名、最佳原创歌曲提名等,立刻奠定了皮克斯动画工作室在三维动画领域的地位,同时也标志着三维时代的开始。

由于《玩具总动员》带给了观众无与伦比的视觉享受和震撼,随后的美国电影动画市场瞬间刮起了三维动画旋风。在 2001 年到 2003 年之间,皮克斯动画工作室相继发布了我们耳熟能详的三维动画电影《海底总动员》和《怪物公司》。而三维动画领域的另一巨人梦工厂工作室于 2001 年推出了他们的第一部怪诞搞笑的动画作品《怪物史莱克》(见图 1.2),风趣幽默的演出和对迪士尼童话故事的全面颠覆,使它迅速席卷了美国市场 2.67 亿美元票房,成为有史以来最卖座的动画电影。与之相对比的是 2003 年上映的梦工厂的最后一部二维动画电影《辛巴达七海传奇》，巨大的投入却以票房惨淡收场，从此更加坚定了梦工厂放弃二维动画制作部门，全面制作三维动画电影的决心。

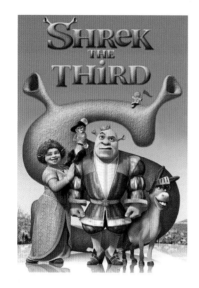 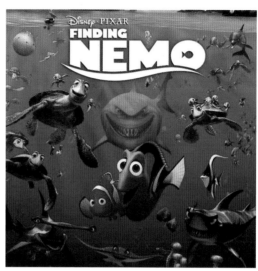

图 1.2　《怪物史莱克》与《海底总动员》剧照

　　从 2004 年开始，三维动画在美国逐渐进入全盛时代，诸多的优秀三维动画电影脱颖而出，也将更多的动画公司吸引到这个巨大的资本市场中来。二十世纪福克斯电影公司的《冰河世纪》、索尼公司的《丛林大反攻》、环球影业的"小黄人"系列、梦工厂工作室的《功夫熊猫》《驯龙高手》《马达加斯加》、皮克斯动画工作室的《美食总动员》《赛车总动员》《超人总动员》《机器人总动员》《飞屋环游记》等都获得了巨大的成功。此时就连一直编织梦想的迪士尼公司也按捺不住了，他们为了保证市场的占有率，迅速出资收购了一直合作的皮克斯动画工作室，同时成立了专门的三维动画部门，将具有深厚底蕴的动画资本和美轮美奂的三维技术进行了美妙的碰撞和结合，通过数次的沉淀和推新，给我们呈现了同样精彩的《魔发奇缘》《海洋奇缘》《超能陆战队》《冰雪奇缘》，让我们相信如今的迪士尼已然重生，而且依然是那个编织童话梦想的迪士尼。

第二节
国内三维动画的起源与发展

　　相比于美国的蓬勃发展，国内三维动画一直在崎岖蜿蜒的道路上前行。受国际影响与社会舆论造势，2000 年左右全国高校开始如雨后春笋般开设了动画专业，校外培训机构也越来越多，不过此时的三维技术依然只是停留在静帧作品和建筑动画领域。2004 年，武汉人马动画推出了一部三维动画短片作品《X-Plan》，讲述了两位一胖一瘦德国兵的捧腹搞笑故事，在当时的网络上获得了不错的评价，但毕竟是短片，影响力较为有限，技术手段也比较简单。2006 年，深圳环球数码制作的《魔比斯环》在院线公映了，这部作品历时 5 年，耗资 1.3 亿人民币，成为中国三维动画电影史上的里程碑（见图 1.3）。但是投石问路也是代价惨痛，欧美画风的角色形象在当时国内盛行二次元画风的环境中显得格格不入，模糊的受众定位也让孩子高呼看不懂，大人觉得无趣。最终这部集大成的开山之作，只获得了 600 万元票房的市场回报。踌躇满志，虽落得草草收场，却像一颗石块在一潭死水中激起了一片涟漪。所以，《魔比斯环》虽然失败了，但是其影响深远。

图 1.3 《魔比斯环》剧照

　　同样是 2006 年,由龙马世纪制作的中国首部魔幻三维电视动画剧集《精灵世纪》于央视少儿频道上映。虽然受制于当时的三维技术,其画风在现在看来可谓简单平淡,不过该片依然制作了不少深受观众喜爱的魔幻角色,获得了当年极高的收视率,当时也得到了业界"中国第一,世界一流"的高度评价。

　　2007 年,在各大电视台播放的三维电视动画剧集《秦时明月》则是中国首部三维武侠动画作品(见图 1.4),相比于《精灵世纪》,它讲述的是国人熟悉的武侠风故事,在观众中口碑颇佳。《秦时明月》将武侠、奇幻、历史融合在一起,给观众呈现了秦帝国时期的一位少年英雄——荆天明的成长历程。可以说,这部作品应该是大多数适龄观众所接触的首部三维国风动画,影响深远,意义非凡。

图 1.4 《秦时明月》剧照

　　2008 年对于中国动画产业来说,犹如平静的湖面上投入了一颗顽石,一时激起千层浪——梦工厂动画作品《功夫熊猫》于暑期档在国内各大院线公映(见图 1.5)。这部充满各种中国元素的动画作品上映的第一天便席卷票房 1.52 亿人民币,虽然对于现在来说这个成绩不算特别优秀,但是对于当时平淡萧索的动画票房来说可谓收获颇丰。同时《功夫熊猫》中阿宝这个 IP 形象变得家喻户晓,也深深刺激了当时的文化产业部门,他们很好奇美国人怎么能做出这么具有中国特色的作品。其实这并不是个案,早在 1998 年,迪士尼就做出了一部中国风十足的二维动画电影《花木兰》,该作品在国际上刮起了一阵中国旋风,只不过在国内上映时,国人并不对美式的人物形象买单。而《功夫熊猫》则不同,阿宝是一个憨态可掬的卡通熊猫形象,大量徽派建筑、犹如水墨画一般的构图和画面效果以及悠扬的中国风音乐获得了观众的认可。文化产业部门的领导意识到,如果不扶持起自己的动画产业 IP 作品,中国动画行业的蛋糕迟早会被国外强势的动画大鳄瓜分。也就是这一年,国内的动画公司经营方向开始发生巨大的转变,由原来以数量产能为主,转变成以制作著名 IP、强调质量为主。《喜羊羊与灰太狼》是第一部由政府扶持起来的著名动画作品 IP,肩负了当时振兴中国动画产业的重任。市场的回暖、网络视频新媒体的兴起,也造就了一批优秀动画作品的产生,譬如"熊出没"系列、《一人之下》、《镇魂街》、《少年锦衣卫》、《斗破苍穹》、《罗小黑战记》等。

图 1.5 《功夫熊猫》剧照

　　而让国人感觉到中国动画真正崛起的则是 2015 年上映的三维动画电影《西游记之大圣归来》。熟悉的 IP、新颖的故事、精美的设定、成熟的技术、炫酷的打斗与特效,让观众不由得感叹,这个新瓶装的旧酒实在太香了。《西游记之大圣归来》制作了 8 年,获得票房 9.56 亿元,这是之前任何一部国产动画甚至进口动画都无法企及的成绩。就连《人民日报》都认为它是中国动画电影近年来少有的现象级作品。《西游记之大圣归来》的横空出世与成功,给予了中国动画行业极大的自信与自豪感,也让诸多投资者发现,原来投资动画行业也是可以获得丰厚而可观的利润的。这无疑是一支强心剂,之后的每一年,都会有至少一部既叫好又叫座的动画电影作品出现,如 2016 年的二维动画《大鱼海棠》,2017 年的二维动画《大护法》,2019 年初的三维动画《白蛇:缘起》、暑期档的三维动画《哪吒之魔童降世》(见图 1.6)。《哪吒之魔童降世》更是从众多美国和日本动画电影中杀出一条血路,一举囊括 50 亿元票房,成为当时中国动画电影史上的第一名、中国电影总票房的第二名。从此,中国动画进入三维动画的全盛时期,良好的投资环境、优秀的制作团队、成熟的制作技术让国产动画在市场上有了和全世界著名动画作品掰掰手腕的可能。

图 1.6 《西游记之大圣归来》《白蛇:缘起》《哪吒之魔童降世》剧照

第三节
三维动画模型与渲染的常用软件

一、Autodesk Maya

在三维动画制作领域,没有哪一款软件能撼动 Maya(见图 1.7)的地位。它和 3ds Max 一样,属于集大成于一身的软件,可以进行建模、渲染、动画和特效等方面的工作,但是 Maya 制作动画项目更加高效,这得益于 Maya 节点式的人性化操作模式以及对动画模块的重视程度。在 Maya 的每个属性上,几乎都可以设置关键帧,其曲线图编辑器的全面和灵活也给动画制作者提供了诸多便利。除了角色动画领域,Maya 在次世代游戏领域和影视制作领域也被广泛应用,比如"指环王"系列、"蜘蛛侠"系列、"哈利·波特"系列、《生化危机 4》等。

二、Pixologic ZBrush

ZBrush(见图 1.8)的出现,彻底打破和颠覆了整个三维行业的建模方式,它把建模变得像泥塑一般轻松,多达亿万多边形数量的支持,充分激发了艺术家的创作能力,让他们放弃了笨拙的鼠标,拿起了运用自如的手绘笔。而随着 ZBrush 版本的不断更新和功能的完善,ZBrush 被越来越多地运用到了影视高精度模型领域和次世代游戏模型领域,以及 3D 打印、珠宝设计等领域,成了行业的标杆。现如今的许多三维动画项目和游戏项目对模型的质量要求仅仅依靠 Maya 的多边形建模已经无法完全满足了,更多时候需要结合 ZBrush 来进行高精度雕刻,从而达到令人惊叹的表现效果。

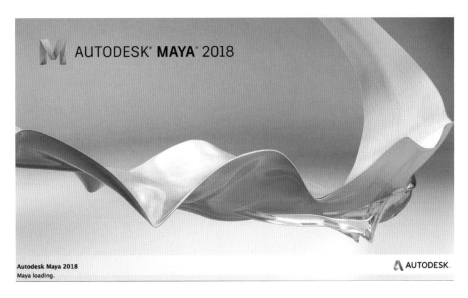

图 1.7　Maya 开启界面

图 1.8　ZBrush 2021 官方宣传画面

三、Adobe Photoshop

Adobe Photoshop 就是大名鼎鼎的 PS(见图 1.9),它是平面图像处理的王者,对平面设计和数字绘画都很擅长。在三维动画制作流程中,通常利用 PS 来处理图像,绘制贴图,调整角色与场景的贴图表现效果。

四、Substance Painter

Substance Painter 又称 SP(见图 1.10),是一个高效的 3D 贴图绘制工具。相比于 PS 的平面图像处理,SP 能够直接在模型上进行精致的绘制。SP 拥有诸多预设的材质效果,并可以快速实现脏乱和做旧的纹理细节,使得 3D 资产的纹理创建轻松无比。SP 更新到 2018 版本以后,开始支持 PBR 基于物理渲染的最新技术,这是次世代游戏目前最为主流逼真的材质表现技术。SP 在制作影视级别的三维动画作品时,能够和

图 1.9　Photoshop 官方宣传画面

ZBrush 相得益彰。随着技术的不断普及和完善,SP 的使用领域会越来越宽泛。

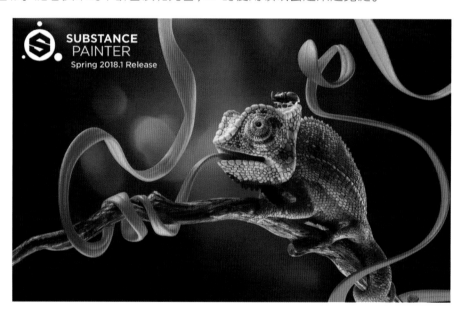

图 1.10　Substance Painter 官方宣传画面

第四节
三维动画制作流程

　　三维动画的制作流程根据公司项目需要会有一些差异,但大体上是一致的,如图 1.11 所示。无论何种动画类型,前期制作和后期制作大多相同,区别在于中期制作阶段。基本上,剧本、角色与场景的概念设计以及分镜头绘制可以归纳于前期制作阶段。

　　三维动画进入中期制作阶段以后,首先会根据概念设计进行角色与场景模型的建立,然后根据确定的模型进行 UV 分配。这个时候,会分成两个分支:贴图材质制作人员继续进行角色与场景贴图的绘制,调试材质质感的表现,并进行局部渲染测试;而装配制作人员则会对角色模型进行骨骼绑定、蒙皮、刷权重等一系列操作,方便角色进行动画的制作。这时的三维角色就像一个木偶一样,受到各种曲线控制器的约束。接下来,动画制作者会根据动态分镜中的每一个镜头进行角色动画的调控与制作。一个镜头的动画和贴图材质都制作完毕后,会由灯光师进行打灯等一系列操作,并进行最终的渲染测试,确定镜头的画面效果是否符合项目需求。特效师会根据镜头的效果来决定是制作三维特效还是后期平面特效,当一切完毕后,分层渲染出序列文件,传递给后期制作人员。

后期制作阶段的制作任务相对来说比较清晰,但十分重要,基本分为平面特效的制作、后期镜头校色、合成序列文件输出成片,至此整个三维动画的制作完成。

图 1.11　三维动画制作的基本流程

Sanwei Donghua Moxing yu Xuanran

第二章
Maya 2018基础界面与操作

Autodesk Maya 每年都会以年号作为版本号推出一个更新版本,为其中的一些功能进行升级。比如 Maya 2018 加强了建模时的便捷性、XGen 毛发插件的碰撞交互,以及 Viewport 2.0 的硬件渲染显示等。从本质上来说,目前的 Maya 界面已经非常成熟了,各个版本都不会有很多颠覆性的变化,但如果使用的版本跨度太大,还是会有明显的不适应感。本书会以相对较新且稳定的 Maya 2018 中文版本为例来进行案例的讲述和教学,方便读者朋友研究学习。

第一节
认识 Maya 2018 界面

Maya 的界面是可以灵活调整的(见图 2.1)。当大家第一次打开 Maya 2018 时,可能会没有大纲视图,它是一个显示项目文件所有内容的视图,可通过窗口—大纲视图将其打开(注意,如果界面中已经存在大纲视图,那么是无法再次打开一个相同的视图的,所有的视图命令都是如此)。我们可以通过窗口—工作区—预设的工作区类型来设置适合的 Maya 界面,也可以运用鼠标左键拖拽窗口旁边的双虚线或者菜单书签(见图 2.2)并挂靠来更改其位置。如果更改的界面不是自己需要的,则可以点击工作区菜单下的"将'Maya 经典'重置为出厂默认值",回到 Maya 预设的状况。

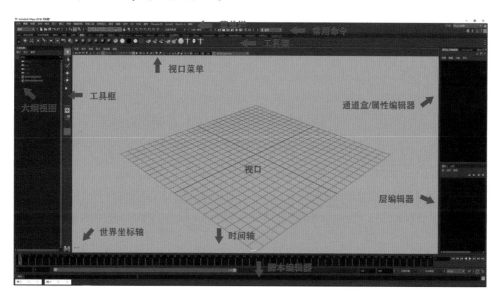

图 2.1   Maya 2018 界面

图 2.2   双虚线和菜单书签

一、菜单栏

Maya 的使用范围广泛,所以菜单命令也非常多。Maya 的设计者为了区别不同的领域,为 Maya 进行了模块的划分(见图 2.3)。

图 2.3　Maya 2018 各模块命令菜单

现在我们所看到的模块是 Maya 对 2016 版本的菜单命令进行了一次较大调整后的结果,之前的动画模块是放在第一位的,这和 Autodesk 对 Maya 的定位相符。不过随着 Maya 的建模功能被越来越多的人所接受和使用,Maya 的人性化和方便快捷的鼠标拖拽操作模式深入人心,于是建模模块成了 Maya 的首选模块。在该模块中,设计者将之前分开的多边形建模模块和曲面建模模块进行了合并,并拥有十分重要的网格显示与 UV 拆分菜单。

装备模块在之前的版本中是包含在动画模块里的,现在单独分离出来,毕竟装备和动画调控是两个独立的工作类型,这么做也无可厚非。

FX 是特效的意思,它基本上囊括了之前所有和动力学相关的菜单命令,并取消了 Maya 早期的动力学菜单下已经被淘汰的动力学模组。这个模块的菜单是最多的,也是革新最大的一个区域,nCloth 仍然会被一些项目作为布料解算的首选,新加入的 Bifrost 流体功能也十分强大。

渲染模块变化不是特别明显,因为日常使用较多,所以许多命令会分解到一些常用命令菜单中。值得说明的是,Maya 2015 以后,曾经在行业里作为标杆的 Mental Ray 渲染器就被 Arnold 渲染器所取代了。因为某些商业因素,原本内置的 Mental Ray 被 Maya 扫地出门,从而导致整个渲染流程的巨变,Arnold 也因为其强大的渲染效果和实时渲染交互成为三维动画与影视项目制作的首选。

除这 5 大模块菜单以外,Maya 还有几个公共的菜单,它们会出现在每一模块的选择中。它们分别是文件、编辑、创建、选择、修改、显示、窗口、缓存和帮助。在后续的案例讲解中会分别讲述这些菜单中的常用命令。

二、常用命令栏

常用命令栏上以最为常用的命令为主,方便使用者快速点击。图 2.4 所示的截图隐藏了一些不太常用的图标,保留了使用较多的内容,并用颜色进行了区域划分,接下来从左到右做一个简单介绍。

图 2.4　常用命令栏界面

黄色区域是上文讲到的菜单模块,可以用鼠标左键点击下拉箭头来进行切换。

　　橘色区域是文件和编辑菜单下的几个常用命令,分别为新建场景、打开场景、保存场景、撤销、重做。

　　蓝色区域是选择的层级,分别为按层次和组合选择、按对象类型选择、按组件类型选择。这个非常重要,同时它还有个次级菜单,可以忽略部分内容或者有针对性地选择(见图2.5)。比如在按对象类型选择命令下,点击取消关节或者多边形的图标,框选视口中的内容,则不会选择到关节或者多边形,这个功能在制作复杂场景时非常实用。

图2.5　选择层级图标的下拉菜单

　　Maya默认的选择层级是对象类型,即创建出来的基本几何体等物体级别。用鼠标点击场景中的对象时,对象上的线框呈绿色显示。按层次和组合选择用在对场景中的对象打组以后,点击该命令,再点击场景中的对象时,可以直接选择到组。如果只是按对象类型选择,我们是无法直接选择到组的,需要按一下键盘上的上档键,才能进行到组的选择,这个可以在大纲视图中确认。

　　按组件类型选择在建模时使用较多。多边形建模是Maya使用最多的建模方式。多边形对象包含点、线、面、UV等多个子级别,在这里即可切换到这些不同类型的级别上,当进入组件类型的级别时,多边形对象上的线框呈蓝紫色显示。我们可以通过这三个命令快速地在对象的物体级别和子级别上来回切换。

　　粉色区域是捕捉菜单,在建模和装配时会用到。从左至右依次是捕捉到栅格、捕捉到曲线、捕捉到点、捕捉到投影中心、捕捉到视图平面、捕捉到激活对象。除了捕捉到投影中心和捕捉到视图平面以外,其他几个都较为常用,在后续的案例讲解中会详细地说明操作方式。

　　绿色区域是常用渲染工具,从左至右依次是显示渲染图像(打开渲染窗口)、渲染当前帧(打开渲染窗口并渲染视口中的内容)、IPR实时渲染当前帧、打开渲染设置窗口、打开着色网格连接窗口(打开材质编辑器)、打开整体渲染设置窗口(里面包含渲染设置、渲染通道、灯光等)、打开灯光编辑器、暂停视口中的显示更新。

　　在这里有必要说明一下视口显示和渲染窗口中渲染图片之间的关系。视口是我们针对场景对象的操作区域,所有的多边形物体在指定材质与贴图后都可以实时显示出预览效果,但是这个效果仅仅只能用来预览,并不是最终效果。我们需要在渲染窗口中使用渲染器将最终效果给渲染出来(见图2.6)。视口中显示依赖的是GPU即显卡的能力,而目前大部分渲染器依赖的依然是CPU的计算能力。目前已经有一些著名的GPU渲染器,例如Maya的外置渲染器Redshift以及虚幻引擎,都能够在制作项目时依靠显卡的能力极大地提高渲染速度和工作效率。

三、工具架

　　工具架非常实用,将Maya的一些常用命令以图表的方式罗列出来,方便使用者点击使用,而不必去菜单中寻找那些命令。工具架以书签的方式对命令图标进行分类,寻找和使用都会方便不少。Maya支持使用者自定义工具架,在某个菜单命令上,按住Ctrl和Shift,然后点击鼠标左键,就可以把这个命令增加到工具架上。也可以点击工具架最左边的小齿轮,打开工具架设置窗口,自定义工具架图标和删除一些不常用的工具图标。Maya有一种便捷的选择命令的操作方式,即在视口空白区域或者场景对象不同的组别下,按住Ctrl或者Shift,按住鼠标右键不动然后滑到需要的命令上松手,即可快速切换到该命令并完成操作。这种操作方式被许多使用者所喜爱,因为别人几乎看不清他是如何操作的,就能快速地制作出他想要的效果,

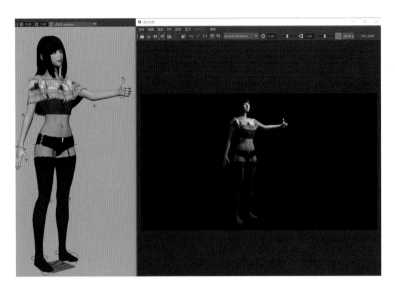

图 2.6　视口与渲染窗口的显示效果

这种方式也被大家戏称为甩鼠标操作。教学中一般更多地采用点击工具架上的命令图标的方式,以方便学习者看清每一步的命令。

四、工具框

相比于复杂的工具架,Maya 的工具框只有 6 个工具命令与 4 个界面视窗布局。工具命令从上往下依次是选择工具、套索选择工具、绘制选择工具、移动工具、旋转工具、缩放工具。前三个都为选择工具,第一个是点选,按住鼠标左键不动框选视口中的物体是框选,按住 Shift 不动再点击是加选,按住 Ctrl 是减选。需要注意的是,当我们按住 Shift 框选时,Maya 会减除之前选择的,然后加选没有选择的物体。这个特性在复杂的场景中非常实用,我们可以先点选一个最容易选到但是不需要的物体,然后按住 Shift 框选,就可以选择到自己想要的内容了。我们也能够结合之前提到的按对象类型选择排除一些类型的物体再框选,或者在大纲视图中按照名称来点选,可以根据现实情况灵活地加以选择。套索框选在一些情况下也比较好用,特别是点级别的组件选择。绘制选择工具同样运用在组件级别下,因为正常的框选 Maya 并不会区分正反面,如果不开启背面消隐,则会同时选择反面的点,使用绘制选择工具则不会涉及这个问题。

移动工具(快捷键 W)是对视口中的物体进行移动,三维空间拥有三个轴向,分别是红色的 X 轴、蓝色的 Z 轴、绿色的 Y 轴(见图 2.7),而二维空间则只有 X 轴与 Y 轴。

当我们将鼠标移动到某一个箭头上时,当前箭头会呈黄色激活状态,这时候左键点击箭头不放并拖拽它,就可以让物体对象向着这个箭头所指轴向进行移动,同时拖拽距离的数值会实时反映在视口右边的通道盒中。例如我们沿着 Z 轴移动了 3 个单位的距离(Maya 默认单位为厘米),通道盒平移 Z 参数显示 3。3 个有颜色的平面方块同样可

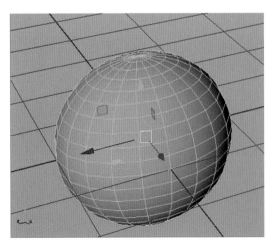

图 2.7　物体轴向与世界坐标轴

以激活拖拽移动,代表着锁定某个轴向,在其他两个轴向上移动。比如我们激活绿色的方块平面并拖拽,则无论如何移动,球体永远是在水平面上移动,平移 Y 参数一直为 0。中间那个浅蓝色的框被拖拽的话,则 3 个轴向的参数都会发生变化(见图 2.8),同时,它也代表了物体对象的轴心。

图 2.8　单轴向移动和多轴向移动通道盒数值变化

通常情况下移动工具的方向是和世界坐标轴一致的,但是当我们将对象旋转了一定角度后,依然按照世界坐标轴的方向移动,就会不太方便。这时我们可以双击工具框里的移动工具,打开工具设置窗口,将轴方向由"世界"改为"对象",这样移动工具的轴会变得和物体对象的旋转角度一致,方便移动和拖拽(见图 2.9)。

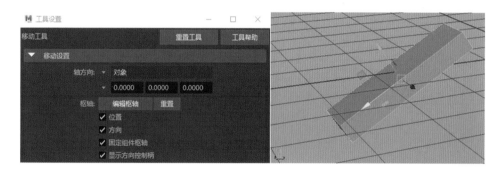

图 2.9　移动工具轴方向的修改

旋转工具(快捷键 E)同样有 3 个轴向,当围绕着世界坐标轴的 Y 轴进行旋转,就是旋转 Y 轴,其他同理。旋转的单位不是厘米,而是度数,旋转一圈为 360°,所以通常旋转的数值会显得比较大,参数会呈现到小数点后三位(见图 2.10)。为了得到准确的旋转角度数值,我们可以在通道盒中输入整数旋转参数并按回车键确认,例如 45°、90° 等。使用旋转工具最好不要激活最外围的那个浅蓝色大框,当拖拽它旋转时,3 个轴向的参数会一起改变,得到的效果并不理想。

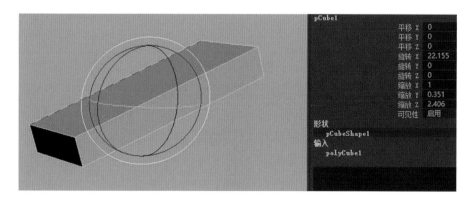

图 2.10　旋转工具与通道盒参数

旋转时按住键盘上的"J"键,会按 15°进行旋转,这是一种常用的精确旋转方式。双击旋转工具,进入其工具设置面板,也能针对物体的角度来改变轴的方向。

缩放工具(快捷键 R)显示为一条线前面加一个小方块,拖拽某个轴的方块就可以使物体对象在这个轴上进行缩放。需要注意的是,单独拖拽某一个轴进行缩放,会使物体对象变形,不再保持原来的形态。如果需要整体缩放而不变形的话,可以拖拽缩放工具中心的浅蓝色方块,这样物体对象会整体放大或者缩小。缩放在通道盒里的 X、Y、Z 参数初始都为 1,而平移与旋转都是 0,这是需要注意的地方。

工具框下的界面布局,给使用者预设了最常用的几种视口布局方式,分别是默认的单个透视图、四视图(包含透视图、前视图、顶视图、边视图,见图 2.11)、透视与大纲视图以及最下面的显示或隐藏大纲视图。(视口操作方式:Alt 键配合鼠标左、中、右三键,按住不动左右移动鼠标,分别为旋转视图、平移视图、缩放视图)。

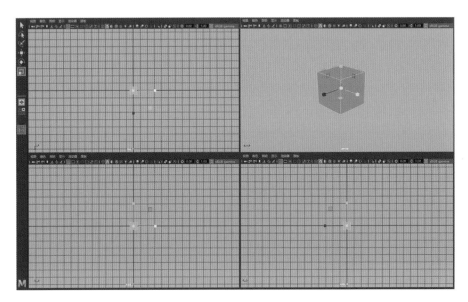

图 2.11　四视图显示状态

四视图中的前视图、边视图、顶视图是三个二维视图,从世界坐标轴上就可以看出,每个视图中总有一个轴向是重叠无效的。这三个视图通常在建模中用来对位参考图,一些特殊的创建方式,比如 CV 曲线的绘制,也只能在前视图或者边视图上才能画出高度。

四视图与单视图之间的切换除了点击工具框中的图标以外,还可以通过两种快捷操作来实现。第一种是将鼠标移动到某个想切换的视图上不动,然后快速敲击键盘上的空格键,即可切换到这个视图单独显示,再次敲击空格键,退回到四视图显示。第二种是按住键盘空格键不动,弹出所有菜单的热盒命令,我们在中间的"Maya"上按住鼠标右键不动,即可看到透视视图、左视图、顶视图、后视图等所有的视图类型(见图 2.12),这时候把鼠标移动到想切换的视图上松开鼠标右键,即切换到该视图,最后松开空格键,退出菜单热盒显示,这种视图切换方式既方便又快捷。

大纲视图前文已经介绍过,它是一个场景文件的陈列窗口,如果有三个多边形的方块,就可以很方便地根据名称在大纲视图里找到物体对象,用鼠标左键点击,相当于在场景中选择该物体。在大纲视图中,先点选一个物体对象,然后按住 Shift 点选下一个物体对象,会把这两个物体之间的所有物体对象都选到;按住 Ctrl 来点选,则只会加选点到的物体对象,再次点击,可以减除刚才加选的物体对象。这个和视口中的加选与减选是有区别的,需要理解和掌握。

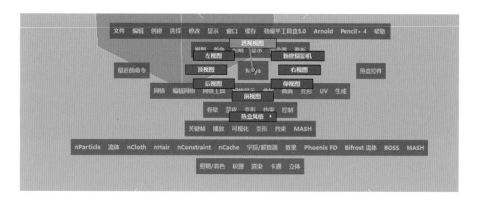

图 2.12　按住空格键弹出热盒后的视图切换方式

五、通道盒/属性编辑器

通道盒显示物体的位置、角度、比例与创建历史等参数。当我们在视口中选择一个物体对象时,通道盒中会实时显示该对象的名称与各项参数;如果没有选择,则通道盒是空白的。例如我们选择了创建的球体,则通道盒显示状态如图 2.13 所示。

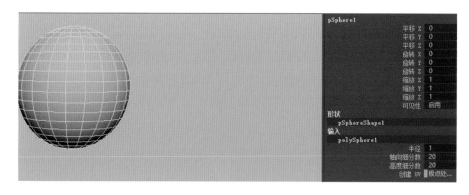

图 2.13　选择物体后通道盒显示状态

pSphere1 是球体的名称,p 为多边形的首字母,Sphere 是球体的英文单词,1 则是代号。用鼠标左键双击名称,是可以对其进行修改的,可以自由输入方便自己辨别的名称,同时在大纲视图中也能看到修改过后的名称。但是无法输入中文,底下的信息栏会提醒错误,新名称包含无效字符,也实属无奈。

平移、旋转、缩放三个轴向在前面已经讲得很详细了,这里不再重复。

"可见性"是物体对象能否在视口和渲染窗口中显示的开关,默认为启用,在参数启用那里点击鼠标左键,输入 0 为禁用,输入 1 为启用。禁用后代表隐藏了,我们无法在视口中找到它,但是可以在大纲视图中找到。被隐藏的物体对象在大纲视图中的名称呈现灰色,点选它,按住 Shift＋H,则能够再次显示出来(隐藏物体快捷键为 Ctrl＋H)。

"输入"下面包含了该物体的创建历史,双击 polySphere1,则点开了球体的初始参数,半径代表球体的半径,轴向细分数和高度细分数分别代表了物体本身的分段。多边形物体是由两个点之间连接成一条直线,四条直线或者四个点连接成一个面来组成的,如果我们想要柔和过渡的曲线,或者增加更多可编辑的线段,只能提高物体表面的细分数。当我们把球体半径放大,观察球体,会发现球体并不圆,这就是段数不足的原因。在制作较大的包含曲率的物体时,多边形物体需要增加段数以确保看起来较为真实(见图 2.14)。

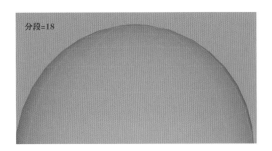
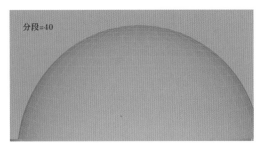

图 2.14　多边形物体的构成特性

　　每个多边形物体对象的初始参数都是不同的,比如方块,我们可以修改它的宽度、高度与深度,以及细分的宽、高、深。初学者可以通过工具架上的多边形建模内容创建一些默认的多边形物体,并修改它们的初始参数,观看修改状态。(第一次打开 Maya 时,创建多边形几何体是交互式创建,即拖拉创建,这是 Maya 8.0 版本后融合的 3ds Max 创建物体方式。个人认为 Maya 以前的原点创建更加方便,所以会习惯性地在创建一多边形基本体菜单下取消勾选交互式创建。原点创建方式创建的物体在世界坐标轴的原点上,而且形状等数值干净、无任何小数点,方便编辑。)

　　创建历史并不仅仅只包含初始参数,每一次使用编辑网格或网格工具时,历史都会在上面进行堆砌,我们也能够点开,及时对最新的历史进行编辑修改。需要注意的是,我们最好不要点击被压在下面的历史进行修改,否则容易出现奇怪的错误。而且历史记录越多,对计算机内存的压力也会越大。所以当我们完成模型创建时,可以选择物体对象,点选编辑—按类型删除—历史,将创建历史清除掉。

　　属性编辑器代表着物体对象的属性,选择物体对象,点击属性编辑器书签或者 Ctrl＋A,就能打开其属性编辑器,每一个堆砌的历史记录都会在里面显示并可以修改,它相当于通道盒的详细版。它从左至右拥有平移、旋转、缩放、旋转轴等详细参数书签,物体对象的显示信息书签,物体对象的初始参数书签,阴影组书签以及材质信息书签(见图 2.15)。这也是一个非常重要的面板,会经常用到。

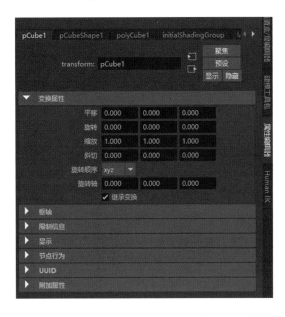
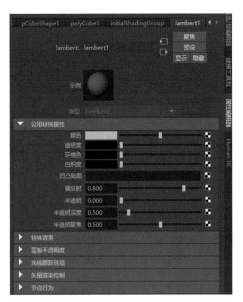

图 2.15　属性编辑器面板

六、层编辑器

层编辑器通常用来对场景中的物体对象进行归类显示,特别是在项目文件比较大的情况下,合理地对物体对象进行层归类、隐藏或者线框显示暂时不需要编辑的物体对象能够极大地节约系统资源,减轻显存压力,提高视口交互速度。

层编辑器有两种(2015 及之前版本有三种),分别为显示和动画,在这里不对动画层做过多描述,主要介绍显示层。层编辑器有 3 个菜单以及 4 个按钮,这 4 个按钮分别是层上移、层下移、创建新层、创建新层并加入选择的物体对象。在没有任何层的情况下,层编辑器下面是空的。

层编辑器有些类似于 Photoshop 的图层,通常使用最多的是选择物体对象,然后点击最右边的创建新层并加入选择的物体对象,这样创建的新层包含了物体对象,在该物体的通道盒属性的输入历史下面会出现层的名称(见图 2.16)。层上移和层下移是在存在多个层的情况下交换层的位置。

图 2.16　层编辑器面板和通道盒显示的层名称

每个层前面有四个方框,从左至右分别为:V,代表英文中的 view,关掉它,这个层所包含的所有物体对象都不会显示;P,是新加入的一个功能,即运动播放时的可见性,当该层所包含的物体对象有动画关键帧时,关掉 P,播放时该物体对象不可见,默认是可见的;第三个框默认是空白的,也就是正常显示该层中的物体对象,并可以编辑选择,点击一下变成 T,视口中的物体对象呈灰色线框显示,再点击一下变成 R,视口中的物体对象正常显示,但无法编辑,再次点击回到默认空白状态(见图 2.17);第四个框则是线框的颜色设置,方便辨别。方框的后面为层名称。

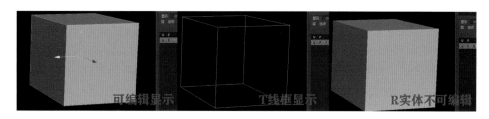

图 2.17　层显示时的三个状态

若想将一个物体对象加入指定的层里,只需要选择这个物体,在该层上按住鼠标右键,移动到选定的对象上松手即可。移出也是一样,选择该层所包含的物体,用鼠标右键移除选定对象。当需要直接删除该层时,同样可以在该层上按鼠标右键选择删除层,如果删除的层包含了物体对象,则会释放它们,并不会把物体对象也删除。

七、时间轴与脚本编辑器

时间轴是用来制作动画的,通过对物体对象的选择,在不同的时间刻度上设置关键帧,就可以让物体对象运动起来。Maya 基本上所有的参数都可以设置关键帧。

脚本编辑器是用 MEL 语言或者 Python 语言脚本来设置效果,一般在动力学解算时使用较多,我们的每一次操作,也能实时显示在脚本编辑器中。

时间轴和脚本编辑器本书并不涉及,所以就不再具体进行讲述了。

第二节
基础操作案例——理解空间的概念

小时候一块块的积木,沉淀了多少的梦想和创意,拼凑各种不同的玩意儿或者建筑,玩一下午也乐此不疲。我们一开始,通过一个积木的小案例(见图 2.18),来理解多边形建模的基本操作以及三维空间的概念。

图 2.18　基础操作案例——小积木

> **案例知识点**

(1)多边形基本体的创建和使用;

(2)理解物体对象的组件级别(子级别)的概念和操作;

(3)正交视图的使用;

(4)插入循环边、挤出、镜像命令的使用;

(5)给物体对象添加不同颜色的材质的方法。

一、放置参考图

在放置参考图时,通常会使用到一个免费的小软件 setuna(见图 2.19),打开后框选参考图,截图并放置在合适的位置。平时截图都是正常显示的,当鼠标滑过去的时候,截图会呈半透明显示,大家可以自行下载此软件。

图 2.19　setuna 截图工具

我们通常会把参考图放置在不碍事且操作比较少的地方,在 Maya 里放在左下角比较合适(见图 2.20)。建议把图片点开后滚动缩小一些再进行截图,只要自己看得清楚即可,太大了容易影响操作。

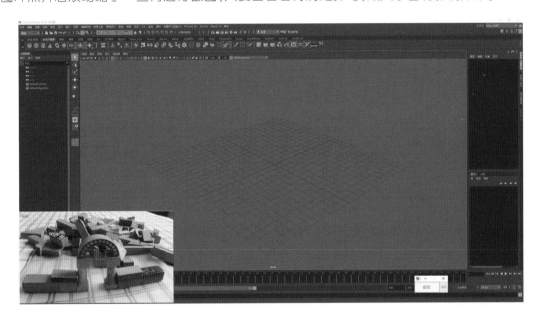

图 2.20　参考图放置

二、多边形基础图形创建及对位

点击创建—多边形基本体—立方体,或者直接点击工具架—多边形建模书签下的立方体,创建一个方块(记得关掉交互式创建,前文已经说过方法了)。通过缩放工具的 Y 轴,将方块缩放到图 2.21(a)所示效果,制作第一个小积木。然后再次创建一个方块,快速敲击空格键,将视图切换到四视图,并将鼠标移动到 Side 视图上,再次敲击空格键,单独显示 Side 视图(后文就直接说切换到某视图了,切换视图的方式请大家熟练掌握),用移动工具拖拉第二个方块,对好位置(见图 2.21(b))。(除透视图,其他三个视图都是正交视图,对位更加准确。)

在第二个方块上按住鼠标右键不放,滑到顶点上,进入组件级别(下文以子级别称之),并框选这两个点,沿着 Z 轴进行移动,拉长方块作为第二个积木(见图 2.22)。

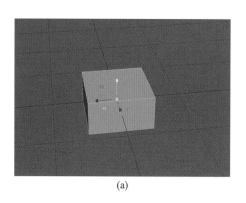 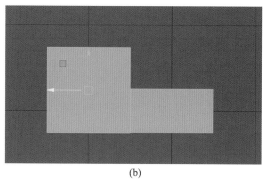

(a)　　　　　　　　　　　(b)

图 2.21　创建方块并对位

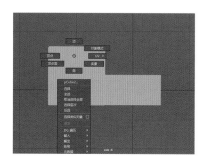 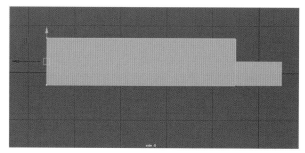

图 2.22　组件级别点级别的选择方式

然后创建并对位第三个方块,通过对顶点的调节,改变其形态至正确的效果(见图 2.23)。

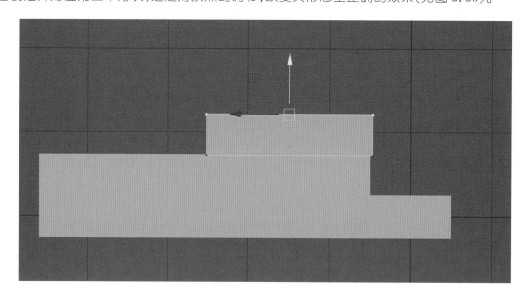

图 2.23　第三个方块的创建

再次在第三个方块上按住鼠标右键不动,选择对象模式松手,退出子级别选择状态(见图 2.24)。

通过空格键切回透视图,点击视图菜单上的线框显示按钮,开启物体对象边缘的线框效果,方便观察(见图 2.25)。

创建一个圆柱体,通过缩放工具微调一下形态,然后在通道盒中点开输入历史,将高度细分数设置为 2(见图 2.26)。

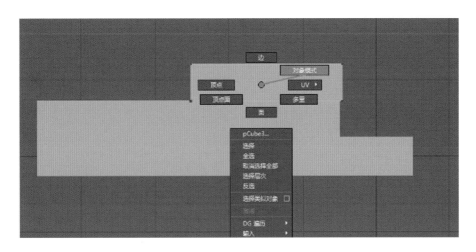

图 2.24　回到对象模式

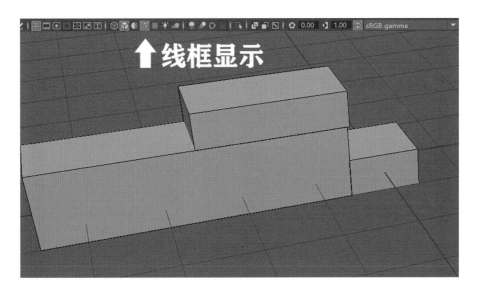

图 2.25　开启物体边缘线框显示

图 2.26　创建圆柱体并修改高度细分数

然后在圆柱体上按鼠标右键进入面级别,框选下面的面,点击键盘上的"Delete"删除(见图2.27)。

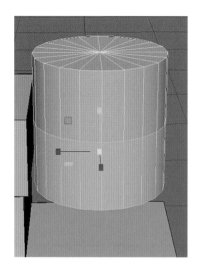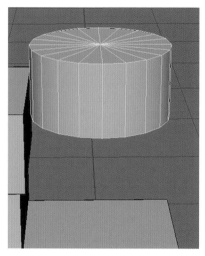

图2.27　删除圆柱体的另一半面

点击网格工具—插入循环边,在模型上按住鼠标左键不动,上下滑动鼠标确认添加位置,松手确认(见图2.28)。这是一个非常常用的工具,可以针对四边形添加环线。

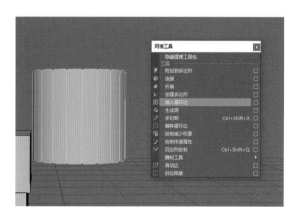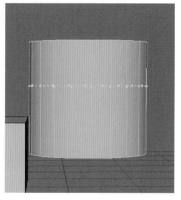

图2.28　为圆柱体添加循环边

进入点级别,框选下面的两圈点,点击缩放工具进行整体缩放并用移动工具进行适当位移;然后框选最上面的一圈点,整体放大一些(见图2.29)。(选择圈点的时候尽量将视图调整到平视,或者直接进入正交视图去选,否则容易误选到不需要的点。)

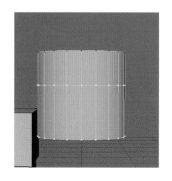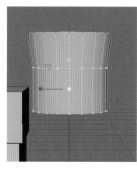

图2.29　框选顶点调整圆柱

再次使用插入循环边工具插入一圈线,操作完成后点选其他工具退出插入循环边工具使用状态,否则会一直在工具框中选中(Maya 会把最后一次使用的工具放置在工具框下面)。因为两条线距离比较近,不方便点框选,我们进入边级别,双击即可选择一圈边,按住 Shift 再次双击下面的边,然后缩放到如图 2.30 所示效果。

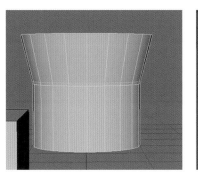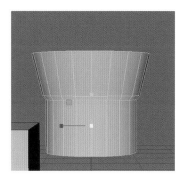

图 2.30　再次增加循环边并缩放边

在 Side 视图中将中间下面那圈边向上移动到目测重叠,退回透视图观看效果(见图 2.31)。

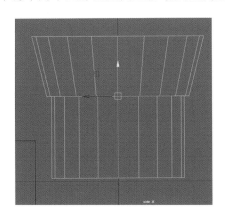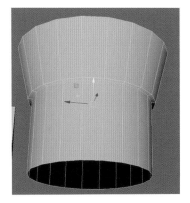

图 2.31　使用移动工具在 Side 视图中调整边线位置

继续添加一圈线,然后整体缩放一下,做出弧度(见图 2.32)。

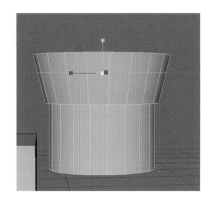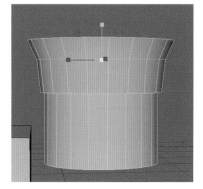

图 2.32　增加圈线并调整形态

准备挤出上面一段距离。先把视角拉成平视,然后按住 Ctrl 不动减除下面一圈面,只保留罗马柱最上面的面被选择(见图 2.33)。当然也可以点选,只是比较慢。

点击编辑网格—挤出,会出现一个移动、旋转、缩放同时存在的工具(见图 2.34),当激活移动箭头时就

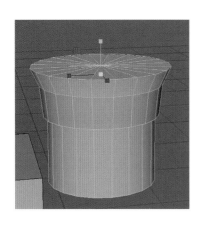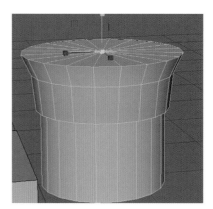

图 2.33　减选选择面

是移动,点圆圈就是旋转。用鼠标左键按住移动箭头向上拖拽,拉出一定的距离。(注意如果点空了,立即按 Ctrl+Z 退回重新选,切记不要再次点击挤出命令,否则会多一圈不需要的面,这是使用挤出命令时容易犯的错误。)

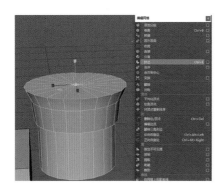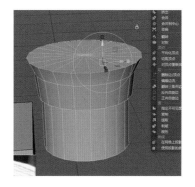

图 2.34　使用挤出命令

为顶部弧度区域再增加一圈线,整体缩放调整出弧度转折的细节(见图 2.35)。

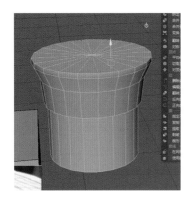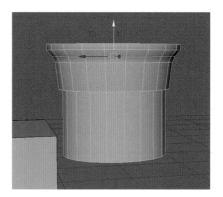

图 2.35　通过圈线调整增加弧度细节

回到对象模式,点击网格—镜像命令右边的小方框,准备镜像复制(见图 2.36)。

将镜像轴位置改为对象,镜像轴为 Y 轴,因为我们做的上半部分是箭头所指的方向,所以镜像方向为"-"。然后点应用,镜像出罗马柱的另外一半(见图 2.37)。

关掉线框显示,我们会发现罗马柱非常软,这是因为顶点法线偏软。选择罗马柱,点击网格显示—软

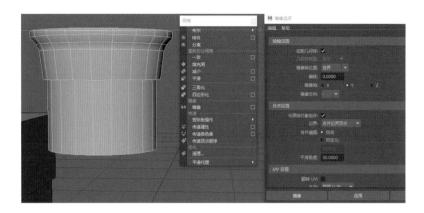

图 2.36　打开镜像选项

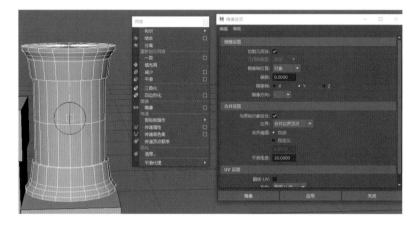

图 2.37　完成罗马柱的镜像

化/硬化边,打开右边方框选项,将顶点法线角度设置为"30",直接点应用(见图 2.38)。再次观看罗马柱,好了很多。

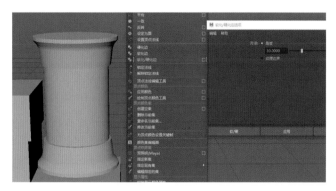

图 2.38　为罗马柱设置硬化边

在 Side 视图中用缩放工具调整好罗马柱的大小,并选择最开始创建的那个方块,点击编辑—复制(Ctrl+D),复制出一个新的方块,调整大小并放置到合适位置(见图 2.39)。

框选场景中的所有物体对象,点击编辑—分组(Ctrl+G),为其打组(见图 2.40)。

可以在大纲视图中看到 group1,这个就是完成的打组(见图 2.41)。在视口中随意点选物体对象,依然还是单独点选,此时按键盘上的上档键,可以进行到组的选择。

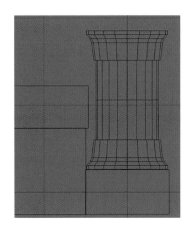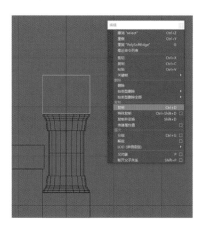

图 2.39　调整罗马柱大小并复制方块

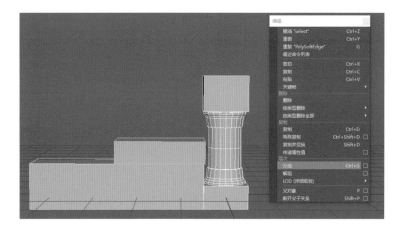

图 2.40　为场景中的所有物体对象分组

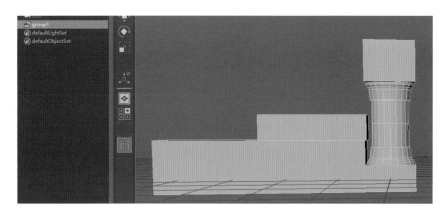

图 2.41　确认大纲视图中的分组

　　在组的选择状态下,点击编辑—复制,复制出另一个组,先使用移动工具将其拖拽到一边(见图 2.42)。

　　在大纲视图中可以看到复制出来的另一个组 group2,现在需要把这个组翻转到另一面。在该组被选择的情况下,确认轴向是 Z 轴,在通道盒中将缩放 Z 改为-1。这个操作意味着将 group2 组由原来方向沿着 Z 轴水平翻转到相对的方向,正好得到了我们想要的角度(见图 2.43)。

　　现在积木拱门还差一个穹顶,我们可以通过多边形基本体中的管道来进行制作。点击创建—多边形基本体下的管道,创建一个多边形管道(见图 2.44)。

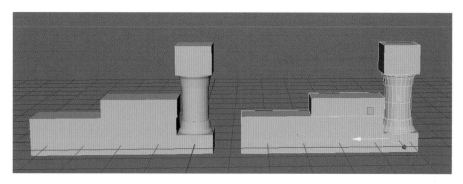

图 2.42　复制出另一个组

 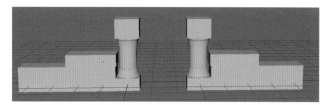

图 2.43　将复制的组通过缩放调整到合适的角度

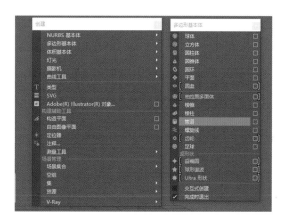

图 2.44　创建多边形管道

目前多边形管道的角度是不对的,点击旋转工具,确认轴向为 Z 轴后,将通道盒中的旋转 Z 轴修改为 90°,得到正确的方向(见图 2.45)。

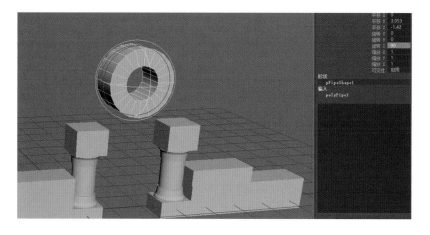

图 2.45　旋转多边形管道

调整管道的创建历史,将厚度改为 0.3,轴向细分数改为 32,确保与参考图效果一致(见图 2.46)。

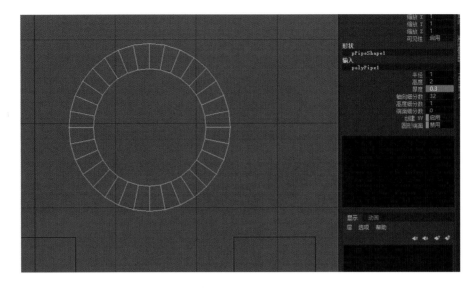

图 2.46　调整多边形管道的创建历史

进入面级别,在 Side 视图中删除管道下面的一半面,然后回到对象模式,调整为合适的大小,搁置在左右两个方块上,并回到透视图缩放调整厚度,完成所有模型的制作(见图 2.47)。

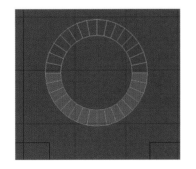 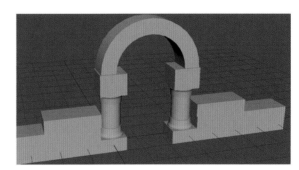

图 2.47　完成模型的制作

三、简单颜色材质的指定

模型只是整个场景创建的开始,完整的场景除了模型以外,还需要给每个物体对象指定材质,确保它的质感和纹理,并为场景设置好灯光。本例作为一个练习案例,考虑到循序渐进的学习过程,只简单讲述一下模型是如何指定带颜色的基本材质的,为后续的学习做好铺垫。

点击窗口—渲染编辑器的 Hypershade,或者点击如图 2.48 所示的按钮,则可以打开 Maya 的材质编辑器。同 Maya 的界面一样,材质编辑器的窗口也能够任意设置和调整。以图 2.48 所示的界面为例,左上角拥有多个书签的窗口叫浏览器,可以在里面观看已经创建的材质节点、纹理节点、工具节点、灯光、摄影机等。目前场景中有三个材质,第一个为场景中所有对象的初始材质 lambert1,这个材质不要设置和修改,否则会影响其他物体对象。第二个为粒子云材质,第三个为默认的辉光材质。这三个材质都不要调整。右上角是材质查看器,点击某个材质,可以预览它的效果。左下角为材质和纹理节点的创建窗口,右下角为工作区,可以对材质和纹理节点的属性进行连接和调整。

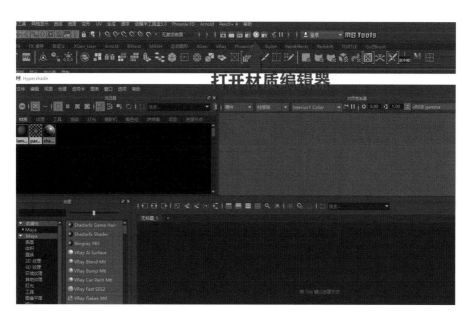

图 2.48　材质编辑器 Hypershade 界面

在材质编辑器里的创建菜单下找到 Lambert(兰伯特)材质球(见图 2.49),点击创建三个。兰伯特材质球是一个没有高光、没有反射的材质球,很适合指认单独的颜色,效果较简单。

图 2.49　创建兰伯特材质

双击某个材质球(再次提醒,不要修改兰伯特 1),点击属性编辑器中的颜色属性右边的灰色小方块,依次将材质球调节为蓝色、红色和土黄色(见图 2.50)。

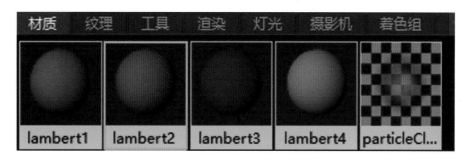

图 2.50　修改材质球的颜色

在视口中点选某块积木,将鼠标移动到红色的材质球上,按住鼠标右键不动,会弹出一个热盒,将鼠标移动到"为当前选择指定材质"上松手,即可把红色的材质球指定到这块积木上(见图 2.51)。(另一种方式是在材质球上按住鼠标中键不放,然后到需要指定的模型上松手。两种方式都很方便,相比较而言第一种方式更加准确一些。)

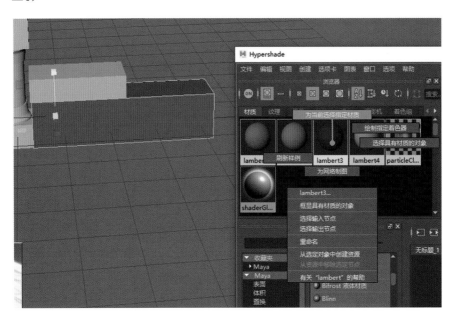

图 2.51　为物体对象指定材质

依次指定其他物体对象,确保所有的材质都拥有颜色(见图 2.52)。我们也可以单独选择模型的一块面,然后在某个材质上按住鼠标右键指定材质,这样能够单独为这块面指定自己所需要的颜色。

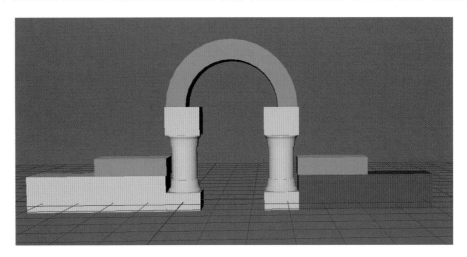

图 2.52　完成颜色的指定

辛苦制作的模型没有保存,关掉 Maya 就消失了,最痛苦的事情莫过于此。所以案例的最后,讲讲如何保存。点击文件—场景另存为命令(见图 2.53),指定文件名(尽量不要输入中文)和保存目录,点击另存为即可(见图 2.54)。保存的文件是一个后缀为 mb 的文件,下次可以使用打开命令选择该文件、打开该场景。

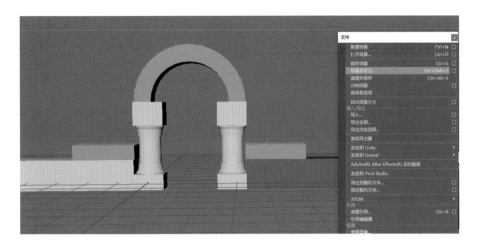

图 2.53　准备保存场景

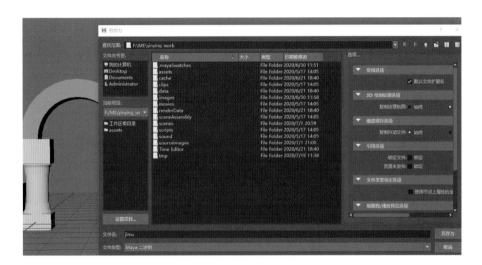

图 2.54　完成场景的保存

Sanwei Donghua Moxing yu Xuanran

第三章
多边形道具综合练习案例
——iPhone XS Max

iPhone XS Max(见图3.1)也是一代"机皇",握在手中倍有分量感,金色的玻璃背板机身显得高贵无比,可惜毛病也不少,信号的问题令人无奈。通过本案例,读者将深入学习多边形建模的常用技巧,并掌握贴图呈现和渲染的基本方法。

图3.1　iPhone XS Max 手机

> **案例知识点**

(1)多边形建模的常用命令(网格、编辑网格、网格工具);

(2)摄影机视图参考图的设置;

(3)贴图在视口中的呈现方式;

(4)UV 视图的使用;

(5)渲染设置以及出图方法。

(素材链接:https://pan.baidu.com/s/1fBrHToXyBGSd72xKC4Sw8w 提取码:77rb)

第一节
在前视图导入参考图

本案例的参考图是正面角度,导入 Maya 中更适合建模和对位参考。我们快速敲击空格键,将 front 前视图最大化显示,然后点击视图菜单的视图—摄影机属性编辑器,或者点击前视图的 ![按钮] 按钮,向下拉到环境卷展栏,点开(见图3.2)。

图3.2　摄影机属性编辑器的环境参数

点击图像平面后面的创建,弹出参考图节点(见图3.3),并在前视图视口中出现一个 X 状线框。(切记不要在 persp 透视图中载入参考图,这没有任何作用,因为参考图会跟随摄影机不停旋转。)

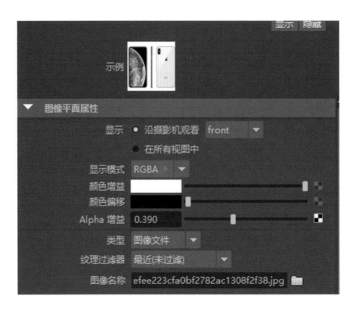

图 3.3　参考图节点

点击图像名称右边的文件夹图标,载入参考图。设置 Alpha 增益为 0.39,让参考图半透明,避免对建模产生影响。将显示在所有视图中改为沿摄影机观看 front,这样做的目的是让参考图只在前视图中显示。

第二节
进行 iPhone 大型创建

创建一个方块,在前视图中通过缩放和移动匹配正前方参考图状态,为了方便操作,可以点击视图菜单的快捷图标 ,让方块半透明(见图 3.4)。

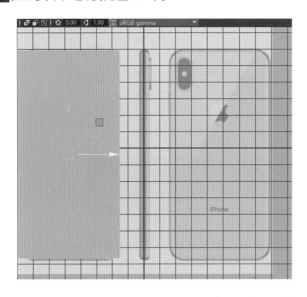
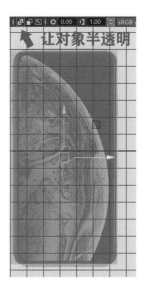

图 3.4　创建方块并匹配模型

切换回透视图,按键盘上的 4 键使方块呈线框显示状态。这个状态更加便于观察,也有利于选择组件下的顶点及线等级别,再次按 5 键回到平滑着色(实体)状态。在这个视图中,使用缩放工具单轴向将 iPhone 厚度压缩到合适大小。然后在模型上按鼠标右键进入边级别,选择 4 个夹角短边,使用编辑网格下的倒角命令(见图 3.5),对其进行倒角操作。

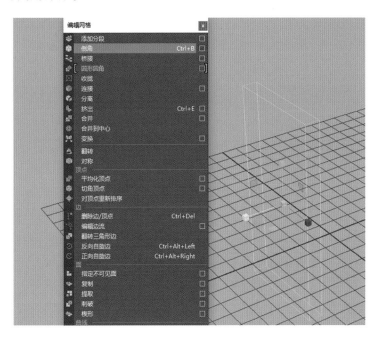

图 3.5　编辑网格下的倒角命令

在通道盒内设置切角的分数为 0.26、分段为 5,如图 3.6 所示。(分数是切角范围大小,分段是切角范围的圆润过渡段数,越少越硬,但不宜太高,合适即可。)

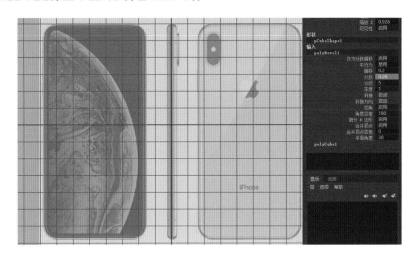

图 3.6　倒角的设置

如果发现有些地方并没有完全匹配参考图,我们可以在模型上按鼠标右键进入顶点级别,框选顶点并整体移动,通过移动微调的方式达到位置准确的目的(见图 3.7)。

切换到透视图,在 iPhone 上按鼠标右键进入线级别,然后框选 iPhone 的边线。切换到 Side 视图,按住 Ctrl(减选),然后用鼠标左键小心地减选中间的边线,只保留两边的边线(见图 3.8),这个方法比按住 Shift 一个个地点选要快很多。

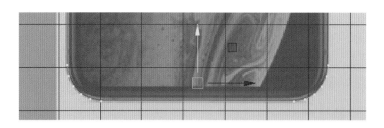

图 3.7　顶点的微调

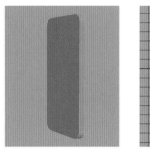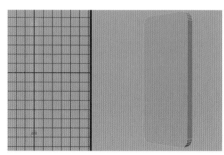

图 3.8　减选边线操作

再次点击编辑网格的倒角命令,并设置分数为 0.9、分段为 5(见图 3.9)。

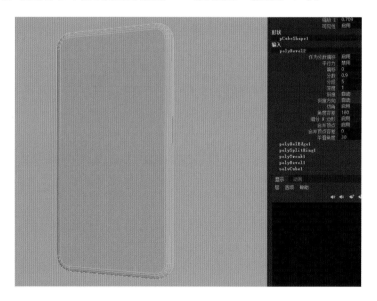

图 3.9　再次倒角参数调整

至此,完成整个 iPhone 的机身大型制作,接下来开始制作手机上的细节部件。

第三节

iPhone XS Max 细节部件的制作

iPhone 上有一个比较大的凸起部位,就是手机的摄像头部分。我们依然用一个多边形方块进行起形。

创建方块后,在前视图中与参考图对位。进入边级别,框选中间的夹角边,执行倒角命令。参数设置为分数0.8、分段5(见图3.10)。

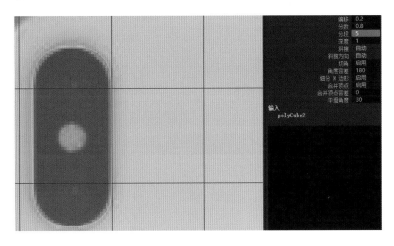

图 3.10　摄像头的倒角制作

制作完毕后切回透视图,将摄像头移动到 iPhone 正确的位置(见图 3.11)。

图 3.11　摄像头的位置对位

开机键也是用方块来进行制作的,先对位,后倒角:将方块缩小到合适大小,在前视图中匹配参考图,然后选择四个夹角边进行倒角,倒角参数设置为分数 0.9、分段 4(见图 3.12)。

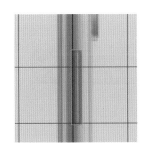

图 3.12　开机键的一次倒角设置

因为开机键是衔接到手机上的,所以我们只需要对最外围的一圈线进行切角,使其圆角化。先框选所有线,再按住 Ctrl 减除不需要切角的线段,然后切角,设置分数为1、分段为4(见图3.13)。

将做好的开机键旋转90°到正确的角度,然后放置到合适的地方。另一边的声音调节按钮,我们可以复制开机键,旋转180°后,用移动点的方式选择顶点,向上移动(见图3.14,不使用缩放工具是因为缩放工具会把倒角距离压缩)。

接下来制作 iPhone 上需要挖空的部分,首先是充电口。复制摄像头的模型进行缩放并旋转、移动、调整到合适的位置(见图3.15),进入 Top 视图线框模式操作更加准确一些。

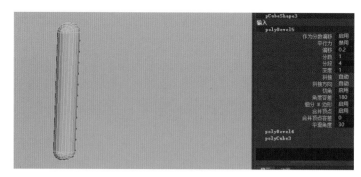

图 3.13　开机键的二次倒角设置

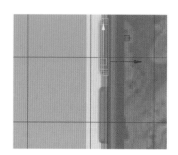

图 3.14　声音调节按钮的制作

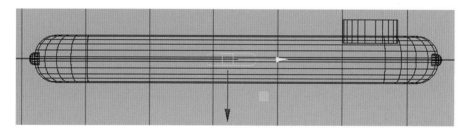

图 3.15　充电口位置的制作

　　挖空的操作是用 iPhone 本身减除现在制作的模型,所以我们需要将被挖空的模型与手机主体进行相交,相交的多少就是挖空的深度,充电口的相交部分如图 3.16 所示。

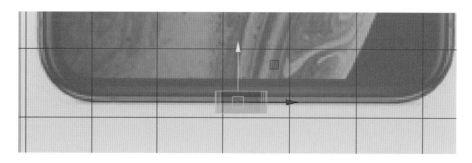

图 3.16　充电口位置的确认

　　创建一个圆柱,缩放到合适大小,制作挖空的话筒部分。因为一排话筒有 6 个,而且距离相等,所以我们可以把一个圆柱阵列复制 5 个,通过不断测试来获得合适的距离。我们点击编辑—特殊复制命令右边的小方框,打开其选项面板(见图 3.17),这是一个非常常用的复制命令。

图 3.17　特殊复制选项面板

几何体类型下有两个选项,复制是单纯复制一个对象,而实例复制出来的对象会受原始模型影响,调整顶点或者边线时会对称改变,这个类型通常用来做对称形态的另一半。

平移、旋转、缩放后面都有三个框,分别代表平移的 X、Y、Z 轴向,旋转的 X、Y、Z 轴向,缩放的 X、Y、Z 轴向。这个参数和通道盒里的参数都是对应的,我们复制时在旋转的第二个框内输入 30,就意味着复制的对象会在围绕 Y 轴旋转 30°的位置出现。副本数很好理解,代表着复制的数量。

首先确认复制的方向。本例是移动 X 轴复制,因为是世界坐标轴 X 轴所指相反方向,所以填入的数值是负数。经过几轮测试,确认了−0.235 这个参数,复制的副本数为 5 个(复制的轴向距离参数还与制作的手机大小及模型大小有关,大家可以参考这个数值测试出适合的数值)。因为是直接复制模型对象,所以几何体类型不需要改变(见图 3.18)。

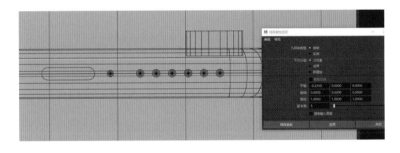

图 3.18　特殊复制选项数值

然后选择一个圆柱体,按 Ctrl＋D 复制,缩放到合适大小,放到充电口边上,做螺丝旋口。选择这 7 个圆柱体,按 Ctrl＋G 打组,沿着 Y 轴旋转 180°,然后目测移动到另一边(见图 3.19)。(打组后物体对象的轴心会在世界坐标轴原点位置,我们需要点击修改一居中枢轴,这样该组的轴心会自动回到物体对象的中心位置。)

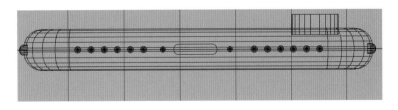

图 3.19　成组复制出另外一半

通过透视图观察话筒与 iPhone 本身相交的位置(见图 3.20)。

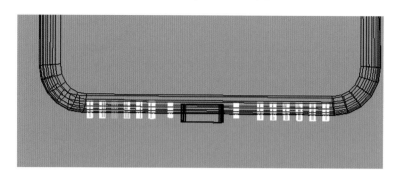

图 3.20　确认话筒圆柱体的位置

仔细观察,为圆孔的地方还有插 SIM 卡的位置,我们把下面的圆柱体复制一个,旋转、缩放到合适的大小并移动到适当的位置,可以参考侧面的 iPhone 参考图上圆孔的位置(见图 3.21)。

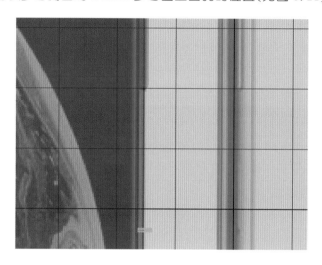

图 3.21　SIM 卡插口圆柱位置

静音的按钮比较窄小,可以用之前的声音调节按钮复制,然后缩放。静音按钮的圆角光滑面也窄不少,我们可以进入点级别,框选圆角范围的点,使用缩放工具进行压缩,然后通过 Side 视图对位,将其放置到正确的地方。复制充电口的模型,旋转对位放置到静音按键处,准备挖空,同时注意它与手机衔接的厚度(见图 3.22)。

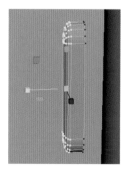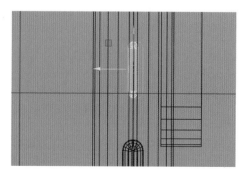

图 3.22　静音按键位置

选择所有需要挖空的模型,执行网格—结合命令,使其成为一个物体(见图 3.23)。

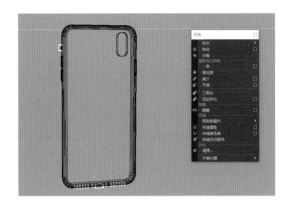

图 3.23　结合所有挖空物体

结合所有挖空物体的目的是我们只需要执行一次布尔运算命令,最大化地避免出现不必要的错误。我们选择 iPhone 本体,按住 Shift 加选挖空物体,点击网格—布尔下的差集,得到我们想要的状态(见图 3.24)。(并集:减除两者相交的区域。交集:仅保留两者相交的区域。)

图 3.24　布尔运算的差集

减除后的效果如图 3.25 所示,至此完成整个手机模型阶段的制作。

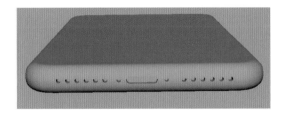

图 3.25　完成布尔运算后的效果

第四节
iPhone XS Max 贴图与材质部分的制作

打开 Maya 材质编辑器 Hypershade,在创建窗口中创建一个 blinn(布林)基础材质球。观看材质查看器

可以发现,这是一个带反射、带高光的材质,比较适合表现 iPhone 机身质感,它比 lambert 材质多了镜面反射着色参数卷展栏(见图 3.26)。

图 3.26　blinn 材质球属性

我们点击 blinn 材质球颜色参数的调色方格,打开其色彩设置窗口。点击上面的吸管,在旁边的参考图上吸取一个金色的机身色彩(见图 3.27)。

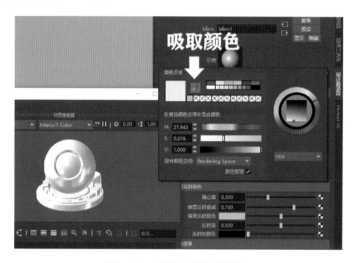

图 3.27　手机机身颜色设置

然后将材质球用鼠标中键拖拽到手机模型上松手,用同样的方式将材质球设置到手机按钮上(见图 3.28)。

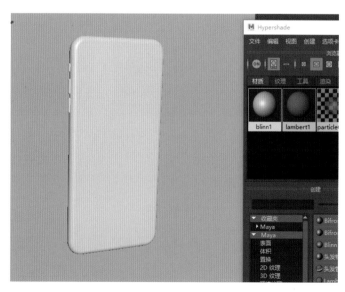

图 3.28　对 iPhone 进行材质球指定

接下来使用 Photoshop 软件,对屏幕的贴图和摄像头的贴图进行截图处理,并单独保存为后缀为 jpg 的文件,为贴图制作做好准备。贴图应尽量找清晰度高且正面的,这里屏幕贴图保存为 c.jpg,摄像头贴图保存为 CAM.jpg(见图 3.29)。

c.jpg　　　　　　　　　CAM.jpg

图 3.29　即将使用的两个贴图文件

然后创建一个新的 lambert 材质球,用来指定屏幕。点击该材质球颜色参数右边的纹理小方格,在弹出的纹理窗口中点击文件纹理节点(见图 3.30)。

图 3.30　文件纹理节点的创建

在图像名称右边点击文件夹图标(见图 3.31),载入屏幕的纹理贴图 c.jpg。

图 3.31　指定贴图文件

在材质编辑器中显示的效果如图 3.32 所示,lambert2 上已经呈现出纹理效果。

图 3.32　材质编辑器中呈现的材质纹理状态

接下来开始选择需要指定的屏幕范围。观看参考图,屏幕并不只是正中间那块面,我们先选择边缘的两圈面。鼠标右键进入线级别,双击如图 3.33 所示的一圈线(如果线是循环走向,双击一根线,即可选择这条循环线)。

然后在这圈循环线被选择的状态下,点击选择—转化当前选择—到面(见图 3.34),即可把这圈线周围

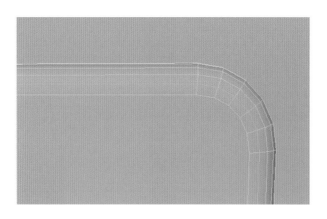

图 3.33　选择循环圈线

的两圈面都选到,这是一个非常方便快捷的选面方式。

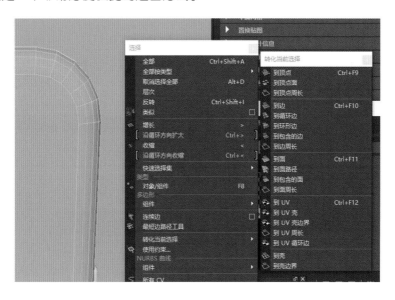

图 3.34　根据圈线转换到面

　　接下来按住 Shift 选择中间屏幕那块最大的面,完成屏幕面的选择。点击编辑网格—(针对面的命令)提取,将这些选择的面提取出一个单独的面,方便后续操作(见图 3.35)。

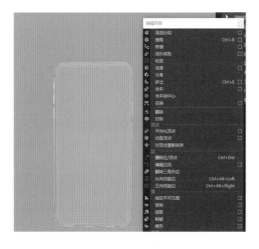

图 3.35　提取分离屏幕模型

将材质球指定到分离的屏幕,并按键盘上的 6 键,或者点击视图图标的带纹理按钮,在视口中显示纹理贴图效果。但我们发现屏幕上的贴图纹理是乱的,这是因为模型的 UV 并不正确,不能准确地匹配贴图。UV 是模型的 2D 贴图对位信息,以 UV 点的形式呈现,代表了模型在贴图上的平面对位状况。子级别中的 UV 点不能在视口中编辑,需要点击 UV—UV 编辑器来调整位置(见图 3.36)。

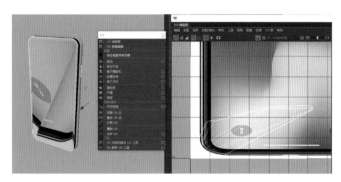

图 3.36　在屏幕模型上显示纹理

在准确对位 UV 之前,可以先给模型指定正确的映射坐标。当前的模型是平面的,点击 UV—平面右边的方框,修改映射轴向为 Z 轴(根据 Z 轴方向来平铺 UV 点,并在贴图空间中呈现),发现纹理在模型上不再扭曲了(见图 3.37)。

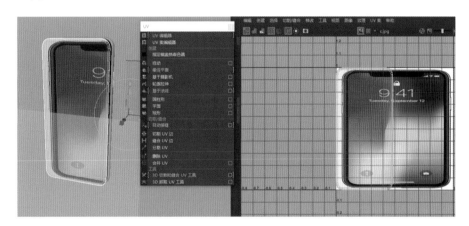

图 3.37　打开 UV 编辑器调整纹理位置

在屏幕模型上按鼠标右键进入 UV 点级别,在 UV 编辑器中框选所有的 UV 点,然后使用移动工具和缩放工具,将 UV 点匹配贴图像素,并在视口中查看(见图 3.38)。

图 3.38　在 UV 编辑器中匹配纹理

在视口中呈现出正确的纹理效果。我们使用同样的方式,对摄像头指定材质纹理,进行平面映射并对位制作好(见图 3.39)。

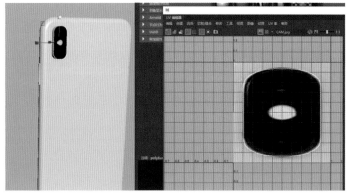

图 3.39　匹配摄像头的纹理贴图

iPhone 背后的苹果 LOGO 我们使用网格工具—创建多边形来进行制作。在前视图中点击鼠标左键画出第一个点,然后依次画出剩余的点。按住 4 键可以透明观看,不会点到错误位置,我们确认后可以使用调整点位置来修改(见图 3.40)。

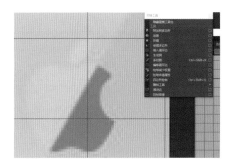
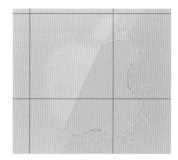

图 3.40　绘制苹果 LOGO

绘制完成后,点击键盘上的回车键。苹果叶子作为独立的模型,需要单独绘制。切回透视图,看到绘制后的模型是一个多边形面片状的苹果 LOGO(见图 3.41)。

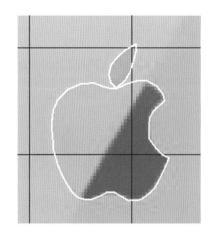
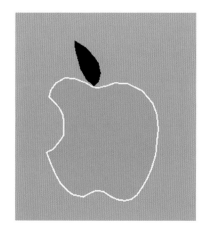

图 3.41　在透视图中观察苹果 LOGO

此时发现苹果 LOGO 的叶子是黑色的,这是因为叶子面的方向是反面。我们点击视图菜单下的照明,勾选双面照明,解决反面显示黑色的问题。或者选择面,点击网格显示—反转,将面由反面反转到正面,同样能解决(见图 3.42)。

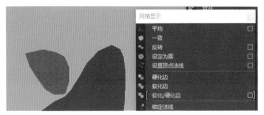

图 3.42　解决面为黑色的问题

将 LOGO 的两个模型结合成一个,并将轴心修改到物体中心。然后在 LOGO 模型上按鼠标右键,选择面,框选两个面,点击编辑网格—挤出,或者点击工具架上的挤出 ⬛ 图标。点击挤出工具的蓝色箭头不动,拉出一定厚度。在材质编辑器中创建一个布林材质球,调整为苹果 LOGO 的银白色(见图 3.43)。

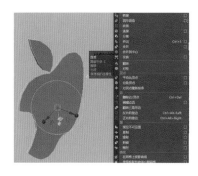

图 3.43　挤出苹果 LOGO 厚度并指定材质

在前视图中将苹果 LOGO 放置到正确的位置,发现方向不正确。我们选择模型,在通道盒中将缩放 X 由 1 改成 -1(沿着 X 轴反转缩放),解决方向问题(见图 3.44)。

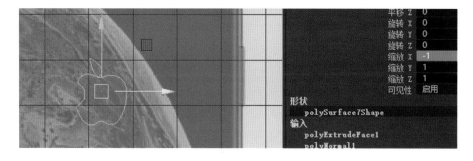

图 3.44　反转苹果 LOGO 的方向

至此,苹果的 LOGO 制作完毕,接下来制作 iPhone 这几个字体。点击创建—类型,会弹出文字的属性编辑器(见图 3.45)。

在文本框中输入 iPhone,字体可以选择一个相近的英文字体(见图 3.46)。然后在透视图中把字母 p 向上移动一些,其他使用默认设置。

将字体缩小一些,并切换到前视图,使用缩放工具使字体与图片中的文字尽量匹配。如果觉得间距有些大,可以选择文字后点击网格—分离,将文字字母打散,然后使用移动工具微调,调整完毕后再框选所有的字母,点击结合,并移动轴心到字体的正中心。接下来将苹果 LOGO 的材质球的颜色修改为熟褐色,也可

图 3.45　打开 Maya 的文字编辑工具类型

图 3.46　创建 iPhone 文字

以使用吸管吸取参考图颜色,将它同时指定给 iPhone 字体(见图 3.47)。

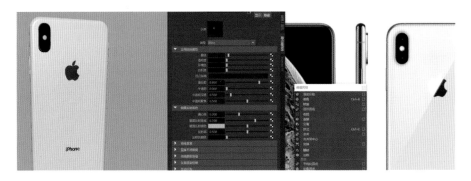

图 3.47　修改苹果 LOGO 材质颜色并同时指定给文字

　　调整手机金色材质球的镜面反射着色属性,将偏心率降低,这样高光范围会变小;然后将镜面反射衰减提高到 1,加强高光的亮度(见图 3.48)。

图 3.48　修改机身材质球的高光属性

将手机整个框选,点击编辑—分组(快捷键 Ctrl＋G),并复制一个,旋转到背面,完成整个 iPhone 项目的资产及效果创建(见图 3.49)。

图 3.49　完成手机资产及效果的制作

第五节
摄影机机位设置及手机最终渲染出图

调整两个手机的位置,并点击 persp 透视图摄影机的属性设置,将焦距设置为 25(见图 3.50)。这样做的目的是加强摄影机的透视深度,使画面更具透视感。

设置完透视图焦距后,最终 iPhone 摆放效果如图 3.51 所示。

图 3.50　修改摄影机焦距　　　　　　　　　　　　图 3.51　设置手机渲染位置

　　点击窗口—渲染编辑器—渲染设置,或者点击右上角的▦渲染设置按钮,弹出渲染属性设置界面,我们根据即将制作的宣传海报宽高比设置图像大小为宽度 1000、高度 1500,这个是最终渲染图片的像素大小(见图 3.52)。一般来说,在相同的计算机配置下,像素越大,渲染质量越高,渲染的速度就越慢。另外,受不同渲染器的影响,渲染时间也会不尽相同。Maya 默认的渲染器设置为 Arnold,这是一个比较高级的渲染器,它拥有自己的一套属性和参数。在不创建和修改任何灯光的情况下使用它进行渲染,整个画面会一团漆黑,这是因为该渲染器不支持默认灯光。现在我们把"使用以下渲染器渲染"修改为 Maya 软件,再次做渲染测试,发现已经能看到 iPhone 了。

图 3.52　修改渲染像素

　　为了能够更加精确地确认渲染范围,可以点击透视图快捷图标上的▣分辨率门按钮,这样在视口中会精确显示渲染的区域以及周围的灰色区域(见图 3.53)。

图 3.53　开启分辨率门

在这个框的范围内是可以被渲染的像素区域,而框范围外的灰色区域则不会被渲染。不过因为是竖构图,框的范围显示不完整,这会影响我们对渲染范围的判断。再次点击透视图的摄影机设置,下拉卷展栏,找到显示选项,将过扫描改为1.4(见图3.54,根据自己的项目情况来设置,这个也和显示器的分辨率相关)。再次观察,分辨率门的范围已经完整显示了。

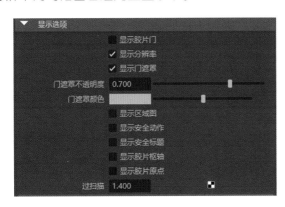

图3.54　修改分辨率门显示范围

有时候我们在确认渲染角度以后,会再次对视图进行操作,导致之前设置好的渲染角度丢失。这时候,可以为当前的角度设置一个书签。在透视图快捷图标的书签█上按鼠标右键,在弹出的界面上选择编辑二维书签,会弹出透视图的书签编辑器窗口。在名称那里输入一个英文名称,比如cam1(见图3.55),然后按回车键,这样我们就记录了当前摄影机的位置。无论我们如何调整视图,修改任何位置,只需要在书签图标上按鼠标右键,就可以找到cam1,这样摄影机可以立刻回到我们设置的cam1的位置。

图3.55　设置摄影机书签

点击窗口—渲染编辑器—渲染视图,并按██渲染当前帧按钮,获得当前帧的渲染画面(见图3.56)。图像的渲染速度很快,这得益于Maya软件渲染器以及没有任何复杂的光线跟踪计算。但观察发现,模型边缘锯齿较多,而且作为金属材质,应该有一些反射效果,下面就依次来解决这些问题。

我们在渲染设置中,点开Maya软件书签,这里是Maya软件渲染器的专属属性设置书签。将抗锯齿质量改为产品级质量,这样边缘抗锯齿会更改为最高质量。然后将多像素过滤的像素过滤器宽度X及Y改为1.2,避免过度抗锯齿导致边缘变模糊(见图3.57)。

然后勾选光线跟踪质量下的光线跟踪并设置相关参数,这样渲染的时候,能够渲染出反射和折射以及

图 3.56　渲染当前帧

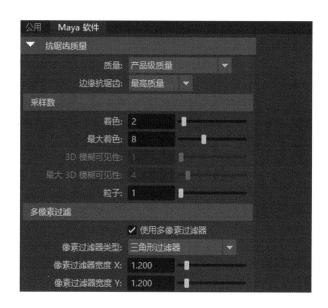

图 3.57　修改渲染质量

光线跟踪阴影效果。因为我们使用的是默认灯光,无法修改阴影参数,现在渲染会得到奇怪的黑色阴影效果,所以在这里将阴影的数值调为 0(见图 3.58)。

图 3.58　调整光线跟踪质量参数

再次渲染当前帧,发现渲染效果好了很多,但是因为周围没有反射环境可提供,所以 iPhone 机身依然没有反射效果(见图 3.59)。

图 3.59　再次渲染当前帧的效果

接下来简单为当前场景创建一个环境球,以便于提供反射效果。创建一个多边形球体,放大到可以清晰地看见里面的手机,如图 3.60 所示(如果放大后球体里面为黑色,这是因为球体的内部面为反面,需要点击视图—照明,勾选双面照明)。然后按 Ctrl+A 打开球体的属性,在 pSphereShape 书签下面找到渲染统计信息,取消勾选投射阴影、接收阴影、透底、运动模糊、主可见性(见图 3.60)。这样球体就不会被渲染出来,仅仅提供反射效果。

图 3.60　制作环境球并对其进行设置

然后为环境球指定一个 lambert 材质球,并在颜色参数右边的纹理图标上点击,指定一个文件纹理,并贴上一张城市夜景的环境球。渲染后如图 3.61 所示,反射的强弱效果可以通过 iPhone 机身材质的镜面反射着色下的反射率参数进行调节,0.5 为默认值。

图 3.61　渲染反射效果

进一步提升渲染像素,在渲染设置中勾选保持宽度/高度比率,将宽度设置为2000,高度自动更改为3000(见图3.62)。再次渲染,得到最终出图的渲染质量和效果。

图3.62　修改最终出图像素

渲染效果调整至理想后,点击渲染视图中的文件—保存图像,保存当前渲染画面,可以在文件夹书签处设置保存的路径,更改文件名,文件类型为PNG(见图3.63)。这样保存的iPhone图片文件周围都是透明的,方便后期合成和调色。

将输出的iPhone图片文件在Photoshop中打开,绘制海报的其他内容,最后完成整个iPhone海报案例的制作(见图3.64)。

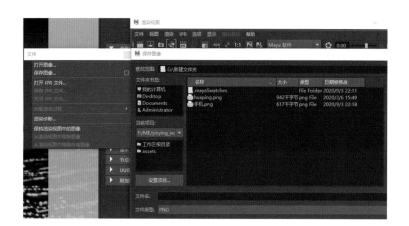

图3.63　保存图像设置

图3.64　最终完成海报效果

Sanwei Donghua Moxing yu Xuanran

第四章
多边形卡通风格场景
综合练习案例——海边房屋

　　面朝大海,春暖花开。每天早晨推开窗户,沐浴着海风,注视着诗和远方,住在这样的一个海边小屋(见图 4.1)里,是许多人心中的梦想。通过本案例,读者将全面学习多边形建模在场景制作中的运用,并掌握卡通风格呈现和渲染的常用技巧。

图 4.1　海边房屋

> **案例知识点**

(1)多边形建模的熟练运用;

(2)房屋大型比例的把握和细节的制作;

(3)卡通纹理的渲染呈现;

(4)透明贴图的运用;

(5)海洋材质的运用。

(素材链接:https://pan.baidu.com/s/1ZeCnafuIOCcky0CAJ4－VUA 提取码:wk45)

第一节
房屋大型的制作

　　使用 setuna 截图软件将参考图放置在屏幕左下角(或者其他不会妨碍操作的地方,如果有两个屏幕当然更好)。在一开始的大型制作阶段,我们尽量不要去考虑细节,只需要使用一些基本几何体进行简单的调节,将大型制作出来即可。这个阶段就像画画打大型一样,比例正确是首先需要考虑的问题。

　　创建一个多边形方块进行起稿,在创建历史中把细分宽度设置为 2,其他默认,选择中间的那条线,向上拖拽拉出房顶。然后使用网格工具下的多切割工具,连接并区分房顶和房身区域,按回车键确定(见图 4.2)。

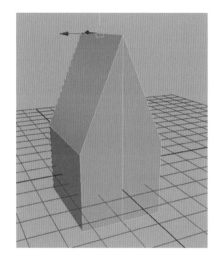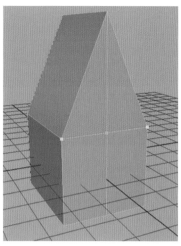

图 4.2 调节房屋雏形

观察参考图,房顶有一定的向内收缩变形,这需要增加一条线来实现,但是因为房顶部分是三角面,我们无法快速插入一圈循环边。这时候我们可以使用右边建模工具包(找不到可以在网格工具菜单中打开)中的多切割下的切片工具实现:选择多切割工具,点击正确的切割轴向 ZX,在三方工具中选择缩放方块,稍微拉大一些,让边缘也被切到,然后点蓝色的移动箭头,向上把切线调整到正确的地方(见图 4.3)。

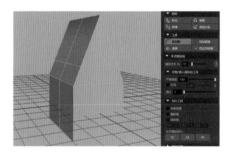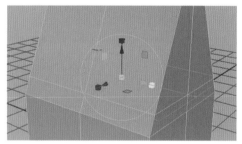

图 4.3 对房顶使用多切割的子工具切片

切片完毕后,进入边级别,双击选择这一圈边,单轴向缩放,将房顶调整出一定坡度(见图 4.4)。

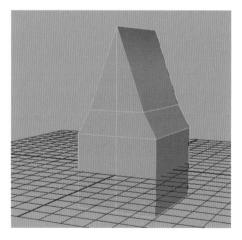

图 4.4 调整切片后的线段

进入面级别,点击房顶左右两侧的四个面,然后使用编辑网格下的复制,将这些面复制出来,并使用弹出的工具将面向外拉一些,准备制作房顶瓦片区域(见图4.5)。

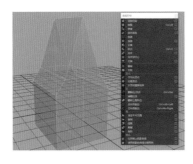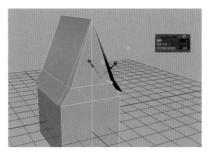

图 4.5　制作房顶瓦片区域

选择复制的面,稍微调节一下顶部和底部的位置,然后挤出一定的厚度,并使用插入循环边工具,再次在靠近底部处加入一圈线,使其看起来不过于呆板(见图4.6)。

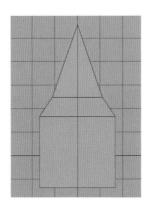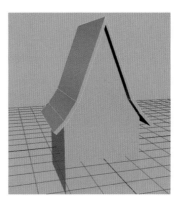

图 4.6　调整房顶瓦片区域

制作房屋右边支撑房顶瓦片区域的木柱。使用方块调整制作,在前视图中对位并调整点的位置,使其符合参考图。在房屋底部右边制作一块木板(参考图是三块木板,现在并不需要制作过多细节)以及两个支撑木柱(见图4.7)。

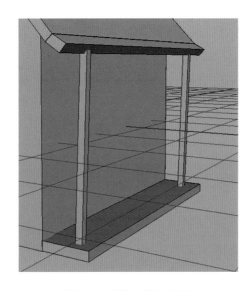

图 4.7　制作木板和木柱

　　房屋左边的晒衣架,先做出底部的支撑方块,然后继续制作一块带倾斜角度的横向长条多边形,在左右两边各增加一圈循环边,并进入顶视图二维视图调整圈线位置,使左右两边大体一致,否则后续挤出会一边粗一边细,显得不太好看(见图4.8)。

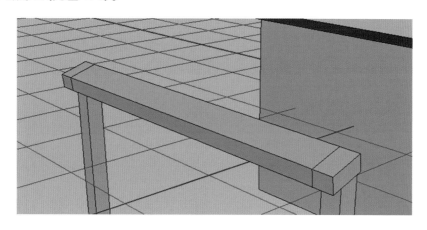

图 4.8　房屋左边晒衣架雏形

　　接着选择两个面,挤出拉长,使其搁置在房顶瓦片上。再次创建多边形方块,调节和挤出与长条一样的倾斜度并将高度调整得略小一些,卡在晒衣架模型中(见图4.9)。

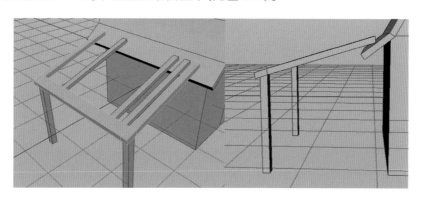

图 4.9　完善晒衣架的细节

　　晒衣架下面还有一个仓库,同样使用方块进入点级别去调整形态,较为简单,就不细说了(见图4.10)。

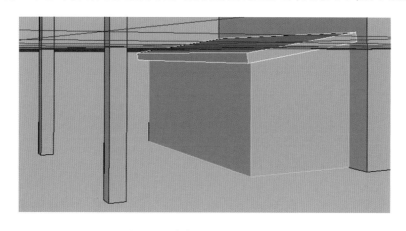

图 4.10　仓库的多边形方块搭建

　　至此,整个房屋大型制作完毕。我们在进入下一阶段制作前,应该将参考图放置在旁边,在视口中调节房屋大型的角度,观察并修改比例不正确的位置,直到看起来没有明显问题后,再进入下一阶段(见图4.11)。

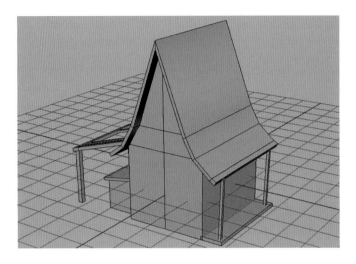

图 4.11　整体大型的观察与调整

第二节
房屋的细节制作

制作房屋的大门,选择房屋前面的两个面挤出,向内缩放调节出门的形态(见图4.12)。

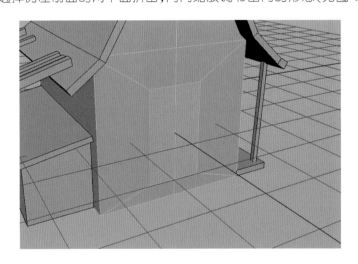

图 4.12　挤出并缩放调整门的形态

删除不需要的四个面,选择门底部的两个顶点,在前视图中对位向下移动,与地平线平齐(见图4.13)。

制作门框,还是使用方块来进行制作,左边门框增加一条线,微调,使其具有卡通的不规则特征(见图4.14)。

门板同样使用方块来进行制作。门上还有个小把手,因为太小,细节并不清晰,所以就使用球体来制作,删除一半,并整体沿单个轴向向内压缩一点(见图4.15)。

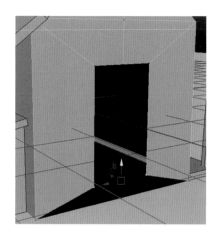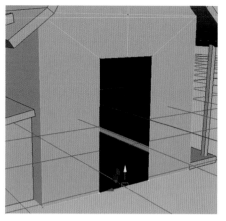

图 4.13　删除多余的面并调整门的底部

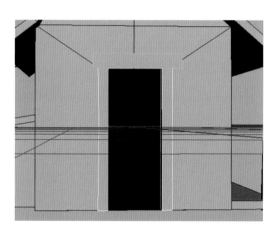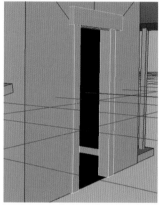

图 4.14　制作门框

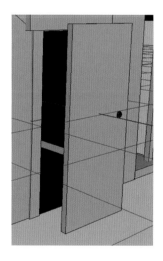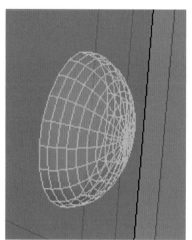

图 4.15　制作门板和门把手

　　门右边所挂游泳圈使用多边形基本体的圆环来进行制作,设置初始参数的截面半径为 0.3,轴向细分数为 12(见图 4.16)。

　　房顶瓦片区域有个小阁楼,制作方法基本与房身一致,也是方块起形(深度细分数为 2),调整中线上提,复制左右两个斜面并向外拉一定距离,然后调整、挤出厚度(见图 4.17)。

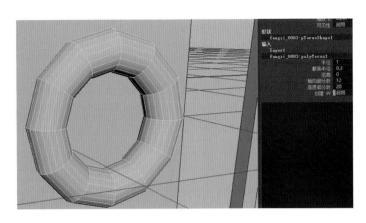

图 4.16　游泳圈的制作

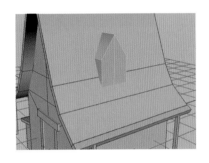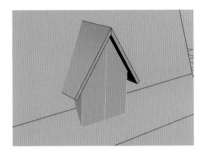

图 4.17　阁楼的大型制作

同样选择阁楼前面的两个面,挤出,向内缩放,调整窗户形态后删除面(见图 4.18)。

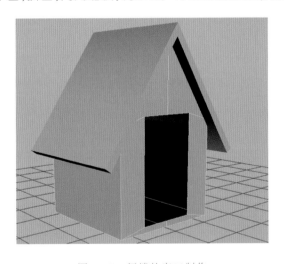

图 4.18　阁楼的窗口制作

　　创建一个面片,将细分宽度和高度细分数改为 2 和 1,并旋转立起。在前视图中调节宽高,使其比窗口略大。然后回到透视图,选择两个面,挤出,整体缩小。在弹出的右边窗口中将保持面的连接性改为 0,即禁用(1 为启用),这样挤出的两个面就分开各自独立了(见图 4.19)。

　　删除窗框中间的两个面,这是放置玻璃的地方。在前视图中调节窗框顶点的位置,主要是使上下左右边距尽量一致,中间可以略宽。调节完毕后,选择窗框所有的面,然后点击挤出拉出厚度。在这里需要注意挤出后移动拖拽会出现奇怪的面走向,这是因为挤出后默认是以面的方向来移动。我们点击挤出后弹出的移动、旋转、缩放三方工具右上的天蓝色按钮,这样再次移动,就是将所有的面以世界坐标轴方向进行移动,

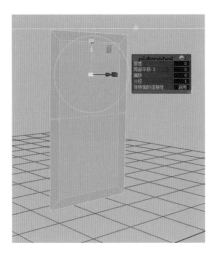
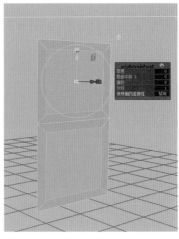

图 4.19 阁楼窗框的第一次挤出

能够得到正确的效果。同时,这个按钮上的箭头所指方向变成向右,这也是区别以面方向还是世界坐标轴方向移动的主要依据(见图 4.20)。

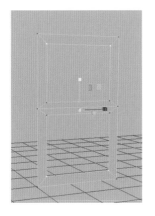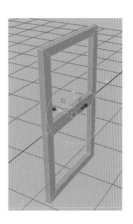

图 4.20 阁楼窗框的第二次挤出

再次创建一个面片作为玻璃,细分宽度和高度细分数改为 1×1,旋转立起,调整大小到正好可以卡进窗框中。在 Hypershade 材质编辑器中创建一个兰伯特材质球,暂时指定给玻璃物体,并调整透明度属性使其变成半透明的效果(见图 4.21)。

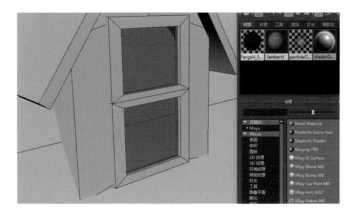

图 4.21 阁楼窗框内的玻璃制作

　　房屋正前方的天窗,同样选择合适位置的两个面进行挤出,调整正确的顶点位置后删除面。需要注意的是,天窗的底部不要和下面的模型穿插,如图 4.22 所示。

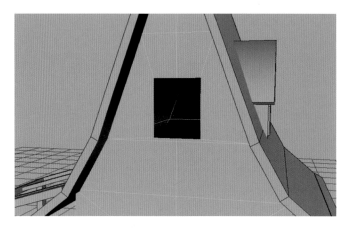

图 4.22　天窗窗口的制作

天窗窗框同样使用之前的阁楼窗框制作方法挤出两次制作(见图 4.23)。

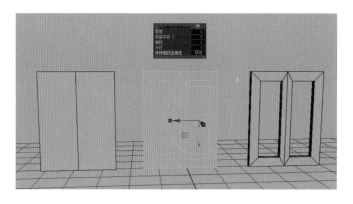

图 4.23　天窗窗框的制作

天窗玻璃依然使用面片进行制作,指定之前的玻璃材质(见图 4.24)。

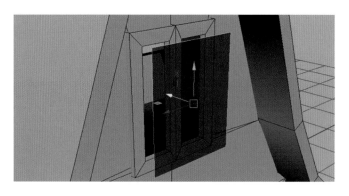

图 4.24　天窗窗框内玻璃的制作

　　空调没什么多说的,直接放置一个 box 即可(见图 4.25)。

　　使用方块起稿制作房身边架,只做一半,另一半镜像。根据房子的外形依次向上挤出,在房顶处适当旋转线段,在前视图确认顶部和中线一致并删除镜像后中间相交的那个面。房身边架在任何角度都会略微比房身距离大一点,不要重叠(见图 4.26)。

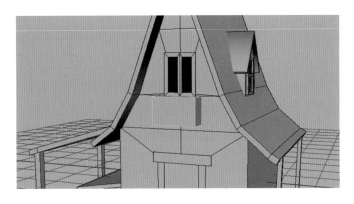

图 4.25　空调方块的位置

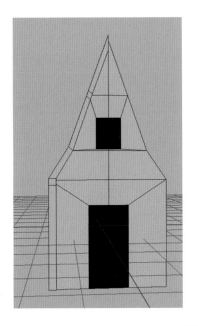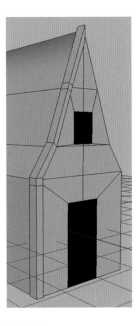

图 4.26　一半房身边架的制作

选择房身边架,点击网格菜单下的镜像右边的方块,打开镜像选项,使用 X 轴为镜像轴对对象进行镜像,点击应用,得到完整的正前方房身边架(见图 4.27)。

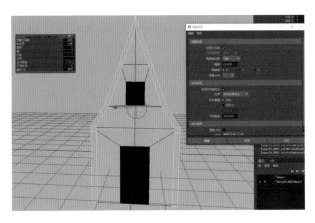

图 4.27　房身边架的镜像

选择如图 4.28 所示的两个面,准备进行桥接。

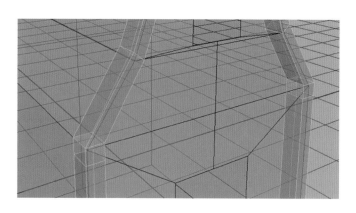

图 4.28　选择面准备桥接

点击编辑网格菜单下的桥接命令,这样就能够把两个面连接起来(见图 4.29)。

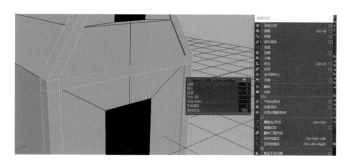

图 4.29　桥接完成

复制一个放在房屋后面,然后选择两个模型,点击网格菜单下的结合,使两个独立的物体合并,这时候单独孤立显示,面对面将需要连接的地方桥接起来(见图 4.30)。

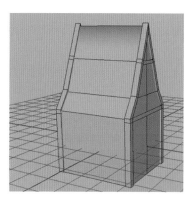
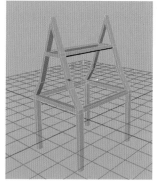

图 4.30　完成整个房身边架的制作

至此,整个房屋的正面全部制作完毕了(见图 4.31),现在准备开始制作房屋侧面的窗户和一些陈设物品。

侧面的窗户部分,窗口依然使用选择面,挤出,缩放到合适大小,调整点的过程制作,只不过需要注意窗口在侧面的位置,可以通过推远然后与参考图比较来观察。窗框部分还是使用面片更改段数,然后选面挤出,禁用保持面的连接性,向内挤出,删除面,调整点的位置,选择整个窗框面挤出厚度的流程来制作。最后别忘记了使用面片制作一个玻璃,以及使用方块制作一个窗台(见图 4.32)。

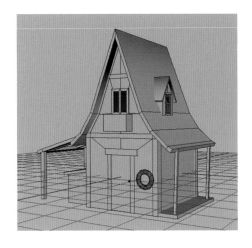

图 4.31　目前的整体模型

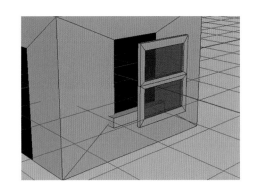

图 4.32　侧面窗口与窗户的制作

　　房檐下的吊饰因为很小,直接使用圆柱体来制作。绳子的圆柱体可以更改创建参数半径为 0.01、轴向细分数为 8(太小不需要那么圆润);饰品的圆柱体轴向细分数为 12,宽度用缩放工具调整到合适大小即可(见图 4.33)。

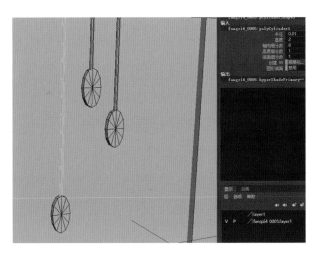

图 4.33　房檐下吊饰的制作

　　后面的绳子使用 CV 曲线工具绘制 CV 曲线,然后创建一个轴向细分数为 8 的小圆柱,可以把端面细分数改为 0,以方便选择。先选择横截面,后按住 Shift 选择 CV 曲线,然后点挤出工具,修改挤出的分段为 24,如图 4.34 所示。这时候调整 CV 曲线上的 CV 控制点,依然可以对绳子产生影响,我们可以用它对绳子的形态进行修改。全部制作完毕后,选择绳子模型,点击编辑—按类型删除—历史,这样就可以断开模型与曲线之间的联系,曲线就可以直接删除了。

　　CV 曲线是 Maya 中最为常用的曲线工具,在曲面建模在角色建模中使用越来越少的情况下,CV 曲线一般是作为多边形建模辅助使用。它的命令在创建—曲线工具后面的 CV 曲线工具处。在透视图中使用该命令画曲线,只能绘制出平面与地平线的曲线,如果想绘制立体的曲线,我们需要切换到正交视图如前视图和边视图进行绘制。绘制的过程中,点出四个点即成为一条曲线,按住鼠标左键不松手可以修改即将点出的那个点的位置,松手时该点即确认。点与点之间的距离越近,画出的曲线棱角越硬;点与点之间的距离越远,画出的曲线弧度越大。绘制过程中如果不满意刚才落下的点的位置,可以点击键盘上的 Backspace 回格键退回到上一个点重新绘制。整条曲线绘制完成后,我们需要按键盘上的回车键确认。也可以在完成的曲

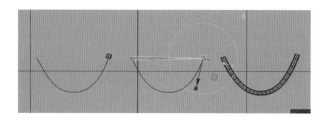

图 4.34　绳子的制作过程

线上按鼠标右键选择控制顶点对绘制的曲线进行形态的修改。

复制出后面的另一个稍短的绳子,然后缩放到合适的状态,调整具体位置(见图 4.35)。

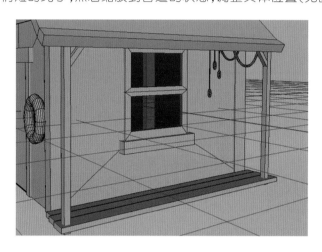

图 4.35　完成的吊饰和绳子效果

这时候可以替换掉底部的木板了,观察参考图,注意木板之间的错落排列与大小(见图 4.36)。

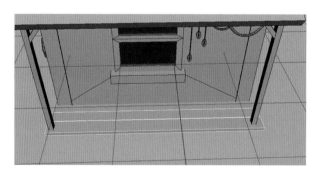

图 4.36　底端木板的制作

　　椅子的制作主要使用圆柱体与圆环,椅面的圆柱体高度细分数为 2,高度尽量小一些,选择中间一圈线让其鼓起来。椅子腿的圆柱体半径为 0.1,轴向细分数为 6,选择椅子腿底部的点向外拉一点,然后把椅子腿打组,这样轴心会到世界坐标轴正中心。我们复制一个椅子腿,绕 Y 轴旋转 90°,再复制一个,更改旋转 Y 轴数值为 180°,以此类推完成其他椅子腿的制作。最后创建一个圆环,调整合适的参数,与四个椅子腿交叉即可(见图 4.37)。

　　椅子上的花壶制作,同样以圆柱体起稿,把高度细分数改成 6(见图 4.38)。

　　然后通过整体缩放环线大小—添加循环边—继续调整环线大小的过程来进行制作。最后选择所有的面,挤出,并点击蓝色的箭头向内移动,使其具有一定厚度(见图 4.39)。(如果发现模型是黑色的,证明当前

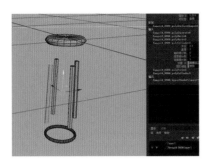

图 4.37　椅子的制作

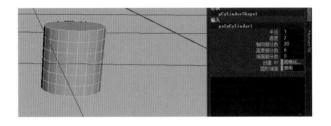

图 4.38　花壶的起稿

的面是反面,可以勾选视图—照明菜单下的双面照明,或者选择模型点击网格显示菜单下的反转解决这个问题。)

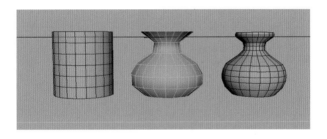

图 4.39　花壶的制作过程

　　壶嘴通过圆柱体起稿,轴向细分数可以设置为 12,添加 4 段环线,然后移动、缩放、旋转进行调整,最后选择端面上的几个面,然后挤出,修改挤出段数为 2,选择中间的环线,整体放大一些,并对其进行倒角,把倒角分数改为 0.1,完成壶嘴的制作(见图 4.40)。

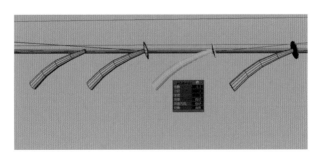

图 4.40　壶嘴的制作过程

　　壶把手直接使用圆环进行制作,点击视图菜单上的 ▣,使模型 X 射线显示,然后删除壶把手埋在里面的面,完成整个花壶的制作(见图 4.41)。

图 4.41　完成花壶制作

　　花壶与盆中的植物使用球体来进行制作,删除球体一半的面,然后缩放成尖细状(整体缩小,单轴向拉长),进入点级别,选择最上面的顶点,按键盘上的 B 键,通过软选择工具进行区域调整,移动和旋转调整完毕后再次按 B 键退出软选择(见图 4.42)。

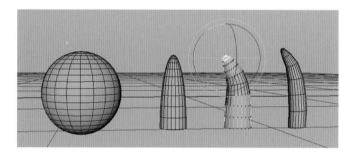

图 4.42　壶中植物的制作过程

　　软选择是移动工具中的一个子工具,其作用是可以对所选组件的周围区域同时产生影响。软选择有一个衰减范围,默认由黄色向红色至黑色递减,衰减半径则控制衰减范围的大小。我们可以双击移动工具,打开工具设置面板,在下面找到软选择属性模块(见图 4.43)。也可以在选择点、线、面等组件级别时,直接按键盘上的 B 键激活软选择。按住 B 键和鼠标左键不动,左右移动鼠标,则可以修改衰减半径的大小,再次按B 键退出软选择。软选择非常适合做角色细节调整、地形调整、柔软物体调整等,适当使用可以事半功倍。

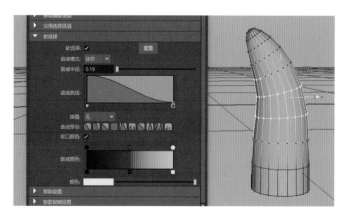

图 4.43　软选择工具设置

剩下的花盆就非常简单了,直接使用圆柱体或多边形基本体中的管道做都可以,复制一些植物,摆出参考图中的效果(见图4.44)。

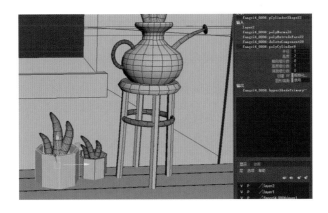

图 4.44　花盆的制作

至此,整个侧面的所有物品陈设制作完毕(见图4.45)。

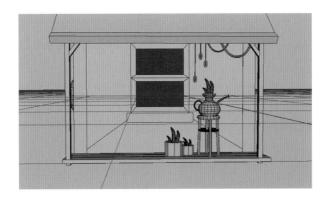

图 4.45　侧面的所有物品陈设

接下来是房顶物件的制作,首先是烟囱。烟囱以圆柱体为原形,轴向细分数设置为6,上面放大一点,在顶部增加一圈线,然后选择上面的圈面,向外挤出一定距离。顶部的口,同样使用向内再向下挤出的方法来制作(见图4.46)。

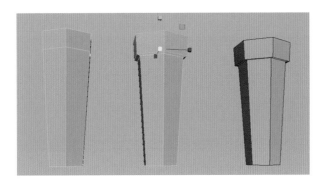

图 4.46　烟囱的制作过程

烟囱摆放位置如图4.47所示。

房顶那些铁丝,我们使用圆柱体来制作,因为太细了,所以半径设置为最小的0.01,轴向细分数不需要太多,8即可。然后根据参考图的位置来调整和摆放(见图4.48)。

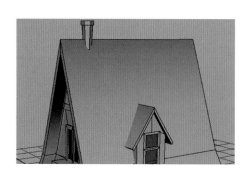

图 4.47　烟囱的位置

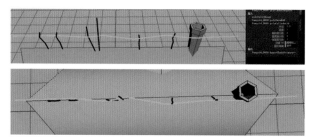

图 4.48　房顶铁丝的制作

需要注意的是,从顶部向下看,铁丝并不是在一条水平线上的,它的位置有些变化,特别是烟囱处,不要直接穿过烟囱,应该绕开它。

烟囱旁边的天线也是使用圆柱体起形,注意观察,制作起来并不难(见图 4.49)。

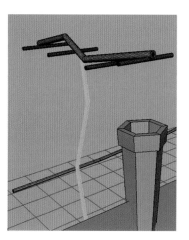
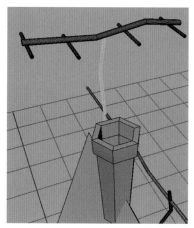

图 4.49　天线的制作

远端有一个被风吹起的风标,我们使用圆柱体进行制作,把轴向细分数设置为 6,端面细分数设置为 1。将风标顶部的面删除,底端的面缩小一些,再根据参考图在上面加圈线,移动、旋转、缩放调整成弧形。线段决定了我们最终上色的区域,所以在分段的时候需考虑最终的色彩分块效果(见图 4.50)。

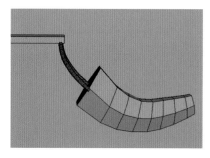
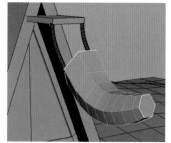

图 4.50　风标的制作

房顶还有一只铁公鸡,我们使用网格工具—创建多边形命令在前视图中进行绘制。绘制的时候按 4 键,能够较为清楚地看到所有点的位置,依次点出铁公鸡的外形,绘制完成后按回车键确认,然后继续绘制中间的挖空区域模型,并将它们结合成一个物体对象(见图 4.51)。

然后进入透视图,选择中间挖空区域模型的面进行挤出,将方向改为世界坐标轴(点击一下图 4.52 中工

图 4.51 铁公鸡的绘制过程

具右上的浅蓝色小球），这样移动出来就是一个方向（见图 4.52）。（因为有的面挤出后是正面，有的则是反面，并不一致。）

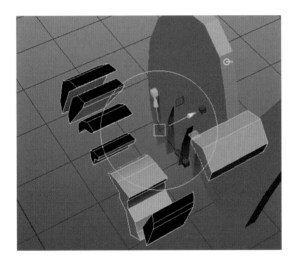

图 4.52 挤出挖空区域模型

将挖空区域模型和鸡身相交，然后先选择鸡身，后选择挖空区域模型，点击网格—布尔—差集，进行布尔运算（见图 4.53）。

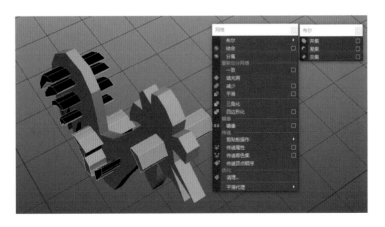

图 4.53 铁公鸡的布尔运算

进行布尔运算后，在挖空区域还是存在一些面片，尚不清楚存在的原因，选择它们进行删除后，得到了我们想要的镂空鸡身效果（见图 4.54）。

铁公鸡下面的立架，我们使用圆环和圆柱这些基本体来进行制作，因为难度不大，这里就不细讲了（见

图 4.54　删除铁公鸡上多余的面

图 4.55(a))。制作完毕后,我们就完成了整个房屋的制作(见图 4.55(b)),推远观察,对比参考图微调不合理的地方,养成好习惯。(晒衣架上挂了一个物件,看不清楚是什么,就不进行制作了。)

(a)　　　　　　　　　　　(b)

图 4.55　完成整个房屋的模型制作

第三节
房屋周围环境的制作

地面我们使用平面来制作,将细分宽度和高度细分数设为 30×30(见图 4.56)。

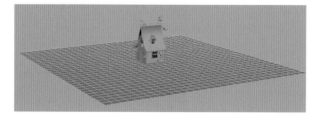

图 4.56　地面的分段

增加更多的分段,是为了对地面的地形进行雕刻,制作出凹凸有致的地形效果。点击网格工具中的雕刻工具,双击工具框中的雕刻工具图标 ,可以设置笔刷的大小与强度(见图 4.57)。这个值不是绝对值,会根据场景的大小而改变,所以需要通过测试来获得比较合适的尺寸大小与强度。在地面上绘制,目前是凸起方向,按住 Ctrl 再次绘制则是凹下去,按住 Shift 进行绘制是平滑目前的绘制效果。按住 B 键和鼠标左键不动,左右移动鼠标,就能快速调节笔刷的大小。

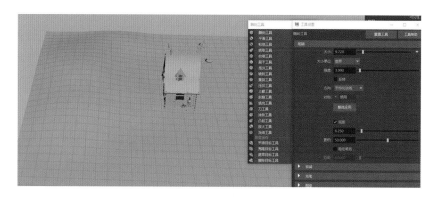

图 4.57　雕刻工具设置

雕刻时注意地形的走势,随时调整到参考图相似角度观察地形效果,最后做出一个具有弧度、左上右下的地形(见图 4.58)。要特别注意地面与房屋相交的部分,使用雕刻工具进行较为细致的处理,避免出现明显不合理的地方。

图 4.58　地形的雕刻制作

房屋门口的石砖直接使用方块调整制作,石头使用圆柱体,把轴向细分数设置为 5~6,然后通过对顶点的调整制作成不规则的形态。注意不要让石头的形态过于一致(见图 4.59)。

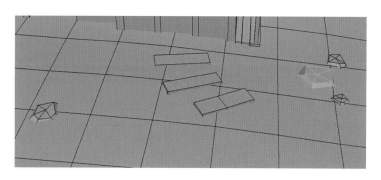

图 4.59　石砖与石块的制作

门口的邮箱使用方块起稿,然后选择上面的两条线段进行倒角操作,将倒角的分数改为 0.9,分段改为4,然后将弧形最下面的两个点使用多切割工具连接成一条线,选择该线段,点击挤出,制作邮箱口的上盖(见图 4.60)。

邮箱上的小旗子直接通过面片来进行制作,高度细分数设置为 6,其他为 1,然后通过调整顶点使其成为具有弧度的旗子状。最后选择把手处的线,向下挤出一段。回到对象模式,旋转并移动旗子到合适位置(见图 4.61)。

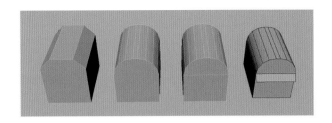

图 4.60　邮箱的制作过程

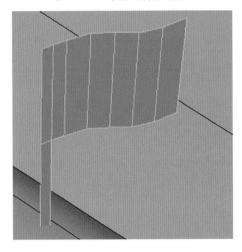

图 4.61　邮箱上旗子的制作

邮箱下面的柱子和栅栏都使用方块来进行制作,比较简单,就不细说了(见图 4.62)。

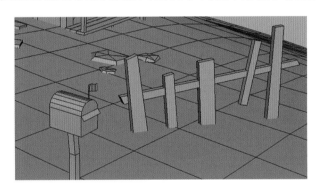

图 4.62　邮箱与栅栏的完整制作效果

地面上生长的青草,因为会使用透明贴图,所以使用面片相交的方法来进行制作。需要注意的是,青草模型的底部最好只深入地面一点,否则会影响贴图表现效果(见图 4.63)。

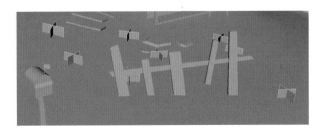

图 4.63　青草模型的布置

第四节
模型 UV 分展以及贴图的制作

将一个兰伯特材质球指定给房顶，并在该材质球的颜色属性上添加素材包里的 fangding. jpg 贴图。这是一张红色的房顶贴图，上面的纹饰纹理是在 PS 里进行绘制，然后进行平铺后得到的结果。这时候按键盘上的 6 键或者点击视图菜单上的◼带纹理按钮，即可显示贴图在房顶上的效果，不过这个效果是错乱的，这是因为我们还没有对房顶进行 UV 的分展。

点击 UV 菜单下的 UV 编辑器，打开 UV 纹理编辑器，选择模型，观看到不合理的效果。在模型被选择的情况下，点击 UV 菜单下的自动，这样 Maya 会通过 6 个不同角度对模型进行映射拆分，直接拆分成如图 4.64 所示的 6 块 UV 块（Maya 2018 在点击自动映射后会自动给房顶一个带棋盘格纹理的黑白材质球，我们只需要重新把房顶材质球指定给房顶即可）。再次观察模型表面，发现纹理位置虽然正确但是图案过大，这是因为每个 UV 块所占的纹理区域过小，导致纹理显示过大。

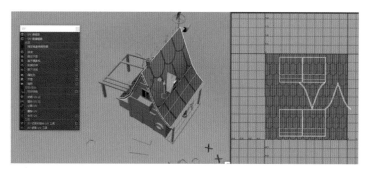

图 4.64　对房顶进行自动映射

在 UV 编辑器中的 UV 块上按鼠标右键，选择 UV 点，框选所有 UV 块的 UV 点，然后点 R 缩放工具进行整体缩放，并时刻观察左边房顶图案的变化，直到自己满意（见图 4.65）。（这个房顶纹理因为制作原因并不是无限平铺的，在横向有些地方会有一些衔接错位，在制作正式项目时，可以考虑将纹理处理成无限平铺的效果。）

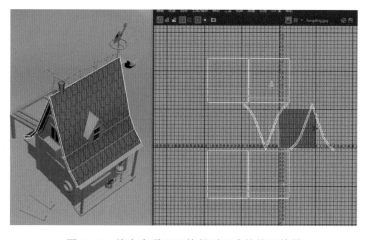

图 4.65　放大房顶 UV 块得到正确的纹理效果

阁楼楼顶纹理使用相同的方法进行制作,指定与房顶相同的材质球(见图4.66)。

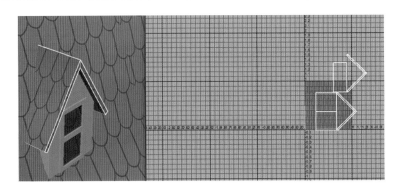

图4.66　阁楼楼顶纹理的制作

为了使材质球渲染出卡通效果,我们需要提高环境色参数,减少体积渲染表现(见图4.67)。(后面的材质球都需要相应提高环境色参数,这一步骤在后面就不再提起了。)

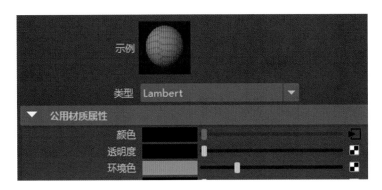

图4.67　卡通风格渲染提高材质球的环境色参数

房身材质的颜色贴图我们使用素材包里的shenti.jpg,指定给房身后,对其进行自动映射。目前UV块分成了6块,是散开的,位置上有些错位(见图4.68),我们需要对能够衔接的UV块进行粘贴,方便纹理的呈现。

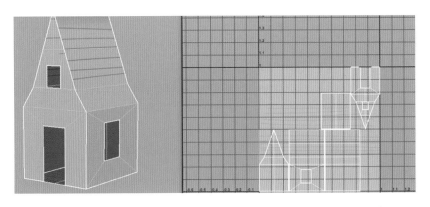

图4.68　房身的自动映射

粘贴边非常适合方方正正的方盒子类模型,我们找到房屋侧面边缘的一条线,点击后,另一个UV块上能够粘贴的边会被高亮显示。这时候我们点击UV编辑器中切割/缝合命令下的移动并缝合,就能够把这两条边粘贴在一起。我们依次将UV边界进行缝合,得到如图4.69所示效果,看起来就像一个展开的纸盒子。然后通过移动整个 UV 块上的 UV 点,将贴图位置在模型上对好。

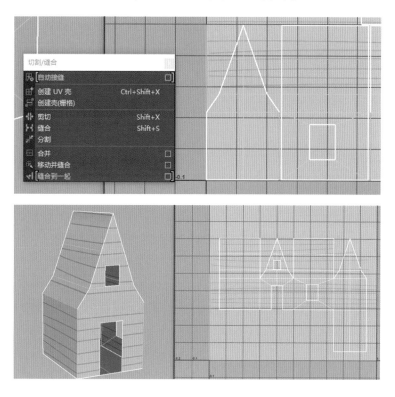

图 4.69　移动并缝合 UV 块边线

空调材质球的颜色纹理使用素材包中的 kongtiao.jpg,模型同样使用自动映射,将显示空调前方纹理的 UV 块在 UV 编辑器中通过调整 UV 点进行对位,其他的 UV 块可以不用操作(见图 4.70)。

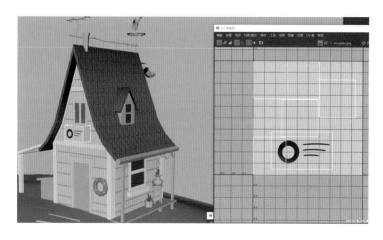

图 4.70　空调纹理的制作

门的制作方法也一样,使用自动映射分展 UV,为模型指定一个兰伯特材质球,在颜色上贴上素材中的 men.jpg 纹理,然后将门正面的 UV 块通过调整 UV 点放大匹配门的贴图(见图 4.71)。

烟囱和铁丝部分都指定一个灰色的兰伯特材质球,唯一的区别是环境色参数不同。铁公鸡指定一个深灰色的兰伯特材质球,窗户指定一个浅米色的兰伯特材质球。风标有两种颜色,浅米色和橙红色,我们单独设置一个橙红色材质球,然后选择需要指定的圈面,在 Hypershade 的材质球上按鼠标右键不动,移动鼠标到"为当前选择指定材质"上松手,这样就把橙红色材质球指定给我们选择的面了,浅米色区域的面以同样

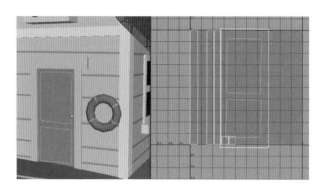

图 4.71　大门纹理的制作

的方式来制作,完成风标颜色的设置(见图 4.72)。

图 4.72　其他部分颜色的设置

草地的材质球颜色属性使用素材中的 caodi. jpg 纹理,UV 块整体放大一些(见图 4.73)。

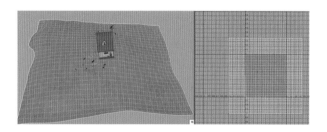

图 4.73　草地纹理的制作

仓库的材质球颜色属性使用素材中的 cangku. jpg 纹理,UV 分展同样使用自动映射,然后缝合边线,使仓库主体面能够完全显示纹理效果(见图 4.74)。

观察剩下的模型,门框的颜色与空调大体一致,房身边架的颜色与晒衣架以及窗框的颜色一致,蓝色的花壶、灰色的花瓶、深咖啡色的椅子,以及褐色的木板与木桩,我们都分别指定单色的材质球,并且同时调整环境色参数。游泳圈上有四个浅粉色的固定绳,为游泳圈增加四个圈线,然后单独制作一个单色兰伯特材质球指定给那四圈面即可。房屋所有纹理制作完毕的效果如图 4.75 所示。

青草的纹理使用 cao2. png 图片。PNG 格式是带透明通道的图片格式,当我们将这个图片指定给颜色属性时,它会自动连接下面的透明度参数,然后根据黑透白不透的原理,让青草周围没有绘制的区域透明

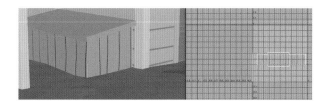

图 4.74　仓库纹理的制作

图 4.75　房屋所有纹理制作完毕的效果

（见图 4.76）。其他的石头和木板、栅栏与邮箱,根据不同的色彩指定单色材质球即可(见图 4.77)。

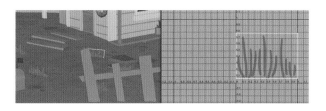

图 4.76　青草纹理的制作

图 4.77　场景中所有材质与纹理制作完毕

第五节
卡通风格场景灯光制作与最终渲染出图

首先来创建主光,我们选择使用聚光灯作为主要光源,主光负责产生阴影,光照强度也会比较高。选择创建的聚光灯,点击视图菜单上的面板—沿选定对象观看,这时候的视图会以灯光的第一视角来调整(见图4.78)。我们将灯光角度调整到一个斜俯视的效果,灯光的高度和角度决定了光照的位置和阴影的位置与长度。比如,正午的太阳光阴影短、光照强,那么灯光位置应该更高一些;太阳即将下山时的光照效果阴影长,那么灯光位置应该比较低。灯光位置设置完毕后,我们点击面板—透视后面的 persp,回到透视图。

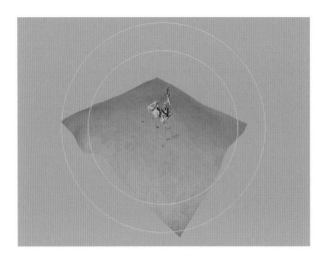

图 4.78   主光的第一视角

顶视图和透视图中的聚光灯位置如图 4.79 所示,供大家参考。

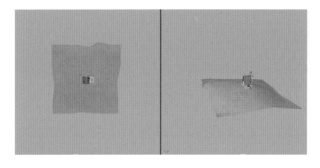

图 4.79   主光的位置

选择主光,按 Ctrl+A 打开其属性面板,将聚光灯的强度设置为 1.4、圆锥体角度设置为 50(主光照射范围)、半影角度设置为 15(主光照射范围向周围 15 的半径衰减),如图 4.80 所示。我们可以点击键盘上的 7 键,或者点击视图图标上的 ,打开灯光视图预览效果。

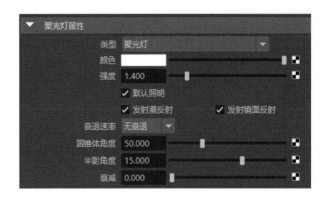

图 4.80   聚光灯的主属性

　　同时在聚光灯属性下的阴影下面找到光线跟踪阴影属性(见图 4.81),这是聚光灯默认开启的阴影表现方式,这种阴影较为真实(另外一种是深度贴图阴影,在某些时候会用到,它比光线跟踪阴影渲染快,但是毕竟是贴图,在处理玻璃等阴影时会特别假)。

图 4.81　聚光灯的光线跟踪阴影属性

　　确认阴影开启后,我们可以点击视图图标上的 开启阴影预览效果,观看主光照明和阴影的方向,以便于预估最终的画面效果(见图 4.82)。

图 4.82　开启阴影预览效果

　　我们点击窗口—渲染编辑器后面的渲染设置,或者点击状态行的渲染设置图标 ,将渲染器更改为 Maya 软件,然后点击 Maya 软件渲染器的独立设置界面,将抗锯齿质量下的质量调为中间质量(不选择产品级质量是因为开启产品级质量后,边缘会因为多像素过滤器变得较为模糊,这样我们还需要将两个像素过滤器宽度参数降低),并打开光线跟踪质量,勾选光线跟踪。这个选项相当于光线跟踪的总开关,不勾选,我们无法渲染出之前在聚光灯下开启的光线跟踪阴影,也无法为设置了折射和反射的材质球渲染出折射与反射效果。设置完毕后,点击窗口—渲染编辑器后面的渲染视图,或者点击状态行的 对当前效果进行渲染(见图 4.83)。此时会发现两个问题:一是背景为全黑色,不利于观察整体效果;二是暗部太黑了,需要辅助光进行辅助照明。

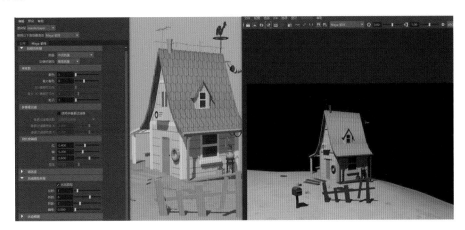

图 4.83　对当前效果进行渲染测试

背景颜色很好解决,点击透视图的摄影机属性 按钮,在环境卷展栏下找到背景色,直接修改为蓝色,再次渲染当前帧,得到如图4.84所示效果。

图 4.84　修改环境背景色

解决第二个问题,为场景增加一个平行光,设置强度为0.5,进行侧面照明。如图4.85所示,平行光的箭头所指方向就是照明方向,放大灯光并不会提高强度,只是方便观察。

图 4.85　增加辅助光

再次渲染当前帧,发现暗部明亮了不少,基本达到我们的要求(见图4.86)。如果对效果不满意,还可以适当提高辅助光照明强度。最后记得关掉辅助光的光线跟踪阴影,因为它不是主光源,只是用来照亮暗部的,所以不需要提供阴影。

图 4.86　增加辅助光以后的渲染效果

放大渲染图,仔细观察会发现青草的阴影有些奇怪。将视图角度对着青草渲染一张后发现,青草的阴影边缘有一层半透明的面片效果,这是因为使用了透明贴图(见图4.87)。

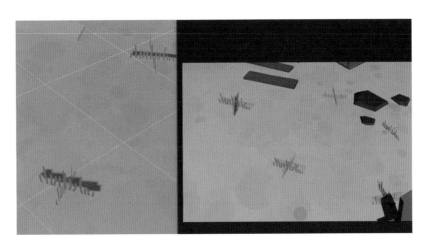

图 4.87　透明贴图导致阴影效果存在问题

解决的方法其实很简单。分析后得出原因:因为我们使用的是光线跟踪阴影,那么问题应该是在光线跟踪选项的参数上。找到兰伯特材质球属性下的光线跟踪选项卷展栏,这里的折射是调整玻璃的重要参数,我们在这里找到最下面的阴影衰减,将其参数由 0.5 改到 0,再次渲染,发现问题解决了(见图 4.88)。

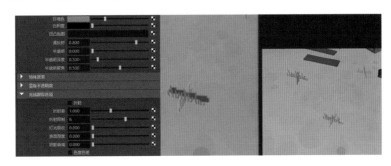

图 4.88　解决因为透明材质导致的阴影问题

既然是海边房屋,我们也可以创建一个面片作为海面,为该面片指定一个海洋着色器。修改材质球的海洋属性,这是一个动力学参数面板,我们播放动画的时候,海洋是会流动的,这些参数就是控制海洋的形态和动力学的核心参数(见图 4.89)。

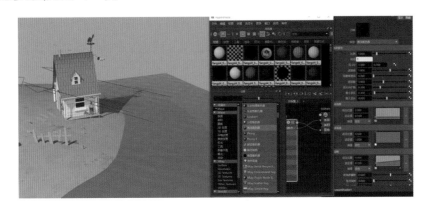

图 4.89　创建海洋平面

修改最小波长为 0.1、最大波长为 0.5,降低波高度到 0.02,并适当降低波峰,这么做的目的是让海洋看起来不那么强势,将其调节得平静一些,使其涟漪纹理更加细致(见图 4.90)。

图 4.90　修改海洋形态属性

海洋的材质属性只需要调整水颜色和透明度,透明度适当增加一些,海洋主要依靠的效果还是反射,增加透明度只是增加其层次效果(见图 4.91)。

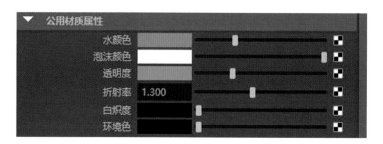

图 4.91　修改海洋的材质属性

渲染当前帧,发现窗户玻璃过于黑了,这是玻璃的材质没有任何反射导致的(见图 4.92)。

图 4.92　渲染发现玻璃问题

将玻璃的材质球类型改为 blinn 布林材质球,这是一个带高光和反射的材质球。我们找到镜面反射着色属性,将反射率调为 1,镜面反射颜色调亮一些,偏心率(高光范围)调小,镜面反射衰减(高光强度)调为 1,并在反射的颜色上增加一个环境纹理中的环境球体,在弹出的图像上增加一个云层贴图(可以自行定义),

这样就设置了一个模拟的环境反射效果。再次渲染,获得最终效果(见图 4.93)。

图 4.93　调整玻璃材质

可以尝试以不同的灯光角度及摄影机角度进行渲染(见图 4.94),也可以通过渲染 PNG 格式利用背景透明的效果与天空图片进行合成。如果在 PS 中绘制一些云彩效果,自然会让画面更加具有艺术感。

图 4.94　不同灯光角度与摄影机角度的渲染

Sanwei Donghua Moxing yu Xuanran

第五章
卡通角色建模及渲染案例
——皮卡丘

皮卡丘(见图 5.1),一只风靡全球的"神奇宝贝",其可爱软萌的形象让人想一把抱在怀里揉捏。通过本案例,读者将全面学习多边形建模在角色制作中的运用,并通过对 Maya 兰伯特材质、Arnold(阿诺德)卡通材质、Pencil+4 卡通材质三种材质效果的对比,理解它们的优缺点,从而找到更合适的卡通渲染方案。

图 5.1 《大侦探皮卡丘》剧照

> **案例知识点**

(1)多边形角色建模的方法;

(2)角色造型的处理以及动画布线的基本方法;

(3)角色 UV 的分展方法;

(4)阿诺德卡通材质渲染基本技巧;

(5)Pencil+4 卡通材质以及轮廓线的制作技巧。

(素材链接:https://pan.baidu.com/s/1MXF1DABTfDJ6Pk4rH70sTQ 提取码:7b80)

第一节
角色大型制作

在前视图导入参考图,以鼻子的倒三角为点,移到中线处,并将透明度调低。另一张图我们使用 setuna 软件截图作为侧面的参考,做好建模准备(见图 5.2)。

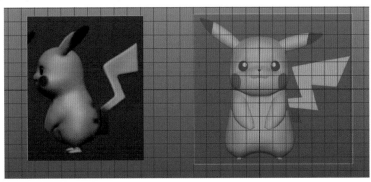

图 5.2 参考图的导入

创建一个多边形方块,使用网格菜单下的平滑命令对方块平滑一个级别,也可以在选择方块的情况下点击工具架上的 按钮。进入面级别,删除左边的一半面,使用编辑菜单下的特殊复制,打开右边的小方框,在几何体类型处选择实例(一边操作,另一边会镜像操作效果),将缩放的第一个文本框(代表 X 轴)改为—1,点击特殊复制按钮,这样就复制出了镜像的另一半(见图5.3)。

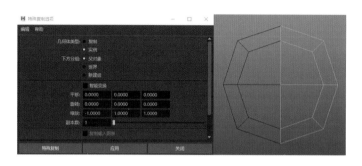

图 5.3　镜像复制另一半

然后使用网格工具菜单下的插入循环边,插入竖着的一圈边(嘴巴与眼睛边界),并进入顶点级别,通过框选顶点移动调整出正面的主要脸部结构位置(见图5.4)。

图 5.4　移动顶点调整正面的主要结构

继续使用插入循环边工具增加横向圈线两条,竖向圈线一条,确定耳朵和额头的区域、眼睛中心点区域,以及鼻子下端区域,然后调整顶点到如图5.5所示效果。

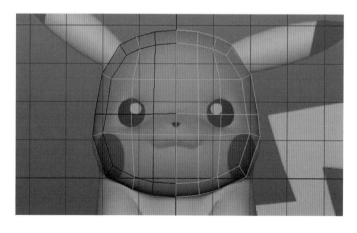

图 5.5　继续增加正面线段并调整顶点

进入侧视图,通过框选顶点(在正交视图中框选顶点拖动中心方块移动没有任何问题,因为正交视图是平面的,中心方块只代表两个轴向;在透视图中则代表三个轴向,拖动时需要慎重)、移动顶点制作出符合侧面参考图的头颅形态。同时增加两圈竖着的圈线,调整下巴和脖子的位置(见图5.6)。

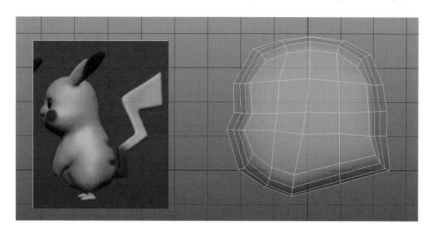

图 5.6　增加圈线、调整侧面的头颅造型

回到透视图,发现头部很方,这是因为增加线段后,线条并不会平滑过渡。我们选择图5.7(a)所示的高亮显示的卡结构圈线,点击编辑网格菜单下的编辑边流(做角色非常常用),线条会自动寻找中间过渡位置。再次观察发现头部圆润了不少,如图5.7(b)所示。

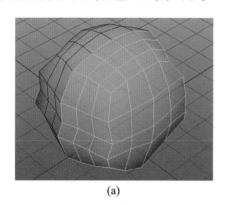
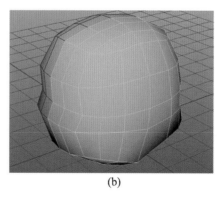

(a)　　　　　　　　　　　　　　　(b)

图 5.7　增加圈线调整侧面的头颅造型

下巴制作出圆润的感觉即可,脖子计划以靠内的四个面进行挤出,预先把圆柱体的脖子形态调整好(见图5.8),以免挤出后再移动顶点,那样会麻烦许多。

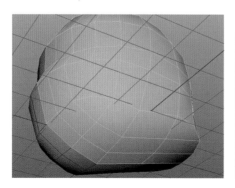
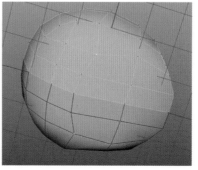

图 5.8　调整脖子准备挤出位置的顶点

选择面挤出脖子,并微调侧面形态,皮卡丘的脖子比较粗厚(见图5.9)。

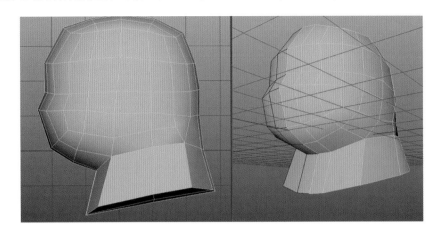

图 5.9　挤出脖子

回到前视图,将脖子的边界调整至匹配参考图,目前顶点比较多,注意观察(见图5.10)。

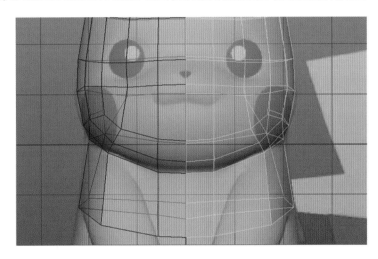

图 5.10　调整前视图的脖子边界

因为脖子的挤出,在模型中间会出现两个不要的面,在 X 射线半透明显示效果下就会观察到。选择镜像复制的另一半,删除,然后找到这两个面,删除(见图5.11),再重新镜像复制出另一半。

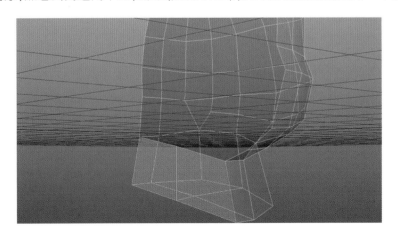

图 5.11　删除因挤出脖子而产生的多余的面

第二节
角色五官及脸部细节制作

准备开始制作眼睛。因为调整过侧面,背面的顶点位置已经不再和前方的顶点重叠,观察起来十分困难。我们在选择头部模型的情况下,点击显示—多边形—背面消隐(见图5.12),隐藏反面的内容。再次观察,发现模型因为只显示正面而简洁了很多。背面消隐适合在制作细节的过程中开启,做大型的时候最好关掉它,因为它隐藏了背面的顶点,框选时选择不到反面,从而会导致模型调整后前后错位较大,得不到理想的效果。

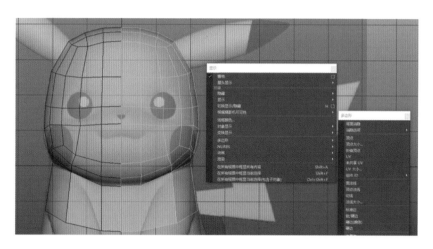

图5.12　对模型进行背面消隐操作

我们进入前视图,点击眼睛中间的那个顶点,执行编辑网格菜单下的倒角工具,将眼睛处的模型剖开,这样就形成了一个四边形范围的眼睛形态(见图5.13)。

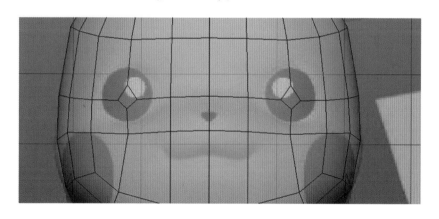

图5.13　使用倒角工具剖开眼睛中间的顶点

使用网格工具下的多切割或者点击工具架上的▇,参考图5.14在眼睛周围连接出四条线,这样就使眼睛周围形成八个顶点,方便调整眼睛造型。

添加线段是为了制作更多的结构。增加线段后的第一件事就是利用它们调整顶点,从而得到我们想要

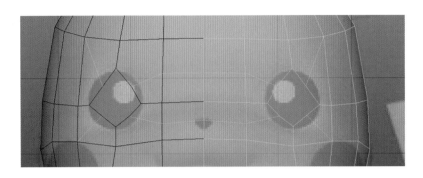

图 5.14　在眼睛周围增加四条线

的造型与结构。另外动画模型最好是保持四边面,特别是需要制作动画的关键地方,这些也是我们在建模的过程中需要考虑的。在这里我们通过八个顶点把正面眼睛的造型基本制作出来了(见图 5.15),注意确认分隔上下眼睑的那条线,这是制作闭眼表情的关键地方。

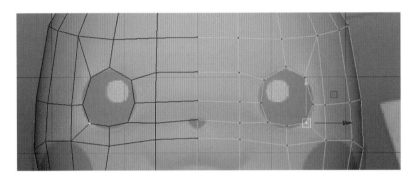

图 5.15　调整正面眼睛的基本造型

继续使用多切割工具添加如图 5.16 所示的一圈线,消灭存在于眼睛左边的两个五边面,同时让眼睛周围的布线形成环形分布,这样我们添加眼睛周围的线段时都是圈线。

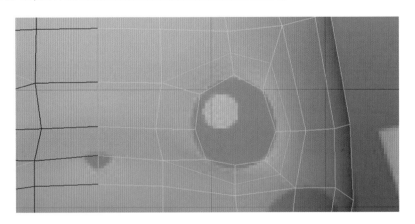

图 5.16　添加线段使眼睛周围形成圈线

通常影视动画的模型,脸上会形成三个典型的圈线范围。它们是两个眼睛周围以及由鼻翼边缘法令纹出发环绕嘴巴的口轮匝肌。嘴巴咧开时向外扩张会推动法令纹向外延伸,眼睛上面的眉弓也是表情特别丰富的区域,是形成许多表情的重要基础,所以合理的布线是制作好表情的基本条件(见图 5.17)。游戏模型特别是网游模型一般不太注重布线,这是因为它们几乎没有什么表情。不过随着次世代技术的发展,游戏也需要高模拓扑模型,而拓扑就是布线,以便于制作出逼真的表情。

图 5.17　著名模型师 David Barrero 的作品布线

进入侧视图,发现眼睛几乎是一个平面,仔细摸摸自己的眼睛,会发现靠外的边缘有很明显的旋转。对照参考图,通过调整顶点把侧面眼睛的轮廓制作出来(见图 5.18)。

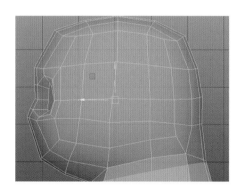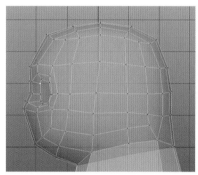

图 5.18　侧面眼睛形态的调整

在眼睛周围添加一圈线,然后通过移动顶点调节出向内凹陷的效果,以及鼓起的眉弓,最后删除眼睛范围的那个面,因为这里在后面需要做眼珠(见图 5.19)。

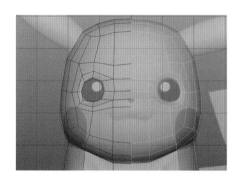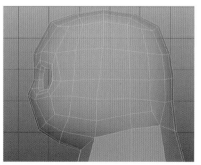

图 5.19　调整眼睛的形态与结构

选择模型,按键盘上的 3 键(光滑预览),如图 5.20 所示,按 1 键退回。光滑预览在角色建模时会经常使用,它代表了建模完成后角色的最终品质和效果。

小鼻子的制作很简单,选择鼻子那个面挤出并缩放,然后将中间多余的面删除,并通过移动顶点调节成正面鼻子的形态(见图 5.21)。在移动正中间的顶点的时候将视图放大一些,然后在前视图中尽量移动到中线位置。

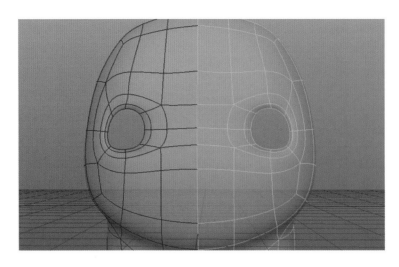

图 5.20　光滑预览模型

图 5.21　小鼻子的制作

将视图调整为侧视图,移动侧面鼻子的位置,然后根据现有的线段尽可能地进行形态的调整,并随时与参考图的角色外形轮廓比较(见图 5.22)。

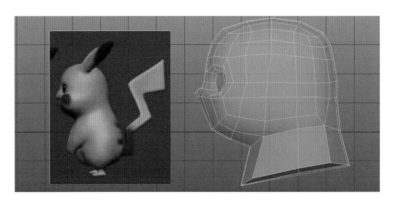

图 5.22　侧面造型的微调

下面开始制作皮卡丘的嘴巴,我们选择插入循环边工具,在嘴巴区域插入一条循环边线,以此来确定嘴巴的位置,同时也能让方方的脸蛋鼓起来。仔细观察参考图,会发现皮卡丘的嘴巴具有明显的波浪弧度,嘴角上翘,嘴角边缘向上形成鼓起的上嘴唇结构,从而显得特别敦厚可爱。进入顶点级别,使用移动工具对嘴巴上的几个顶点和嘴巴的波浪形态进行匹配(见图 5.23)。

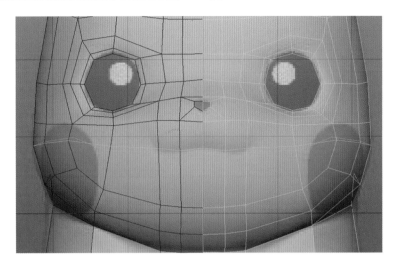

图 5.23　添加嘴部的循环边线

　　选择嘴巴区域的两条线(对称就是四条线),然后点击编辑网格菜单下的倒角工具,将嘴巴的口腔区域剖开,并在旁边弹出的窗口中将分数设置为 0.1(见图 5.24)。

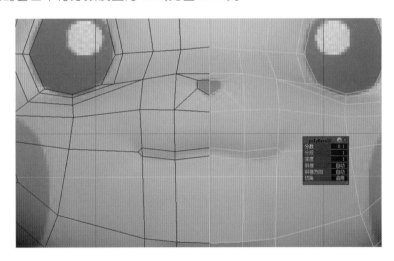

图 5.24　使用倒角工具剖开口腔区域

　　这个时候发现嘴角边缘是一个明显的三角形,因为它的存在,导致上下各出现了一个五边面,而且三角形的嘴角光滑预览后也并不合理。所以我们首先在嘴角上连接一条线,直接延伸到脸蛋后面。这里有一个小技巧,我们直接使用插入循环边工具在脸蛋上插入一圈线,它在五边面前会断开(插入循环边只能插入四边面),然后使用多切割工具将它们连接起来即可(见图 5.25)。为了使插入的线条不至于显得拥挤,可以在插入前对上下的圈线进行位移,位移时可以使用网格工具菜单下的滑动边工具。双击选择圈线,点选滑动边工具,按住鼠标中键左右移动鼠标,以此来滑动线条的位置。这个工具的优势是它只会在模型的轮廓形态上进行滑动,不会像移动工具一样去破坏模型的轮廓。

　　现在嘴角虽然是四边面了,但是周围存在很明显的五边面,解决方法也很简单:延眼睛左下眼睑延伸出一圈线,穿过嘴角衔接口轮匝肌底部边缘,解决靠下的五边面(见图 5.26)。同时继续使用滑动边工具,调节嘴角延伸出来的两圈边,使其平均分配布线,同时使脸蛋轮廓鼓起来。

　　然后添加如图 5.27 所示的一圈线,形成口轮匝肌结构,同时也把嘴角靠上的那个五边面解决了。

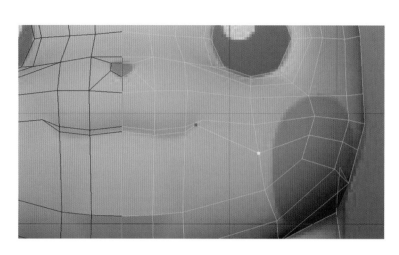

图 5.25　为嘴角增加一条线形成四边面

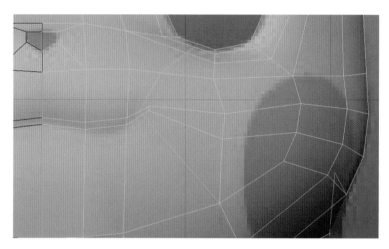

图 5.26　添加一条贯穿嘴角边缘的线段

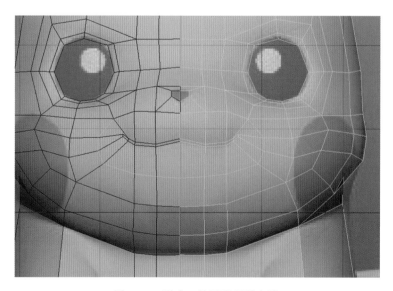

图 5.27　形成口轮匝肌环形布线

添加了正面的线条,一定要考虑侧面的轮廓和结构。前视图调整了 X 轴与 Y 轴,在侧视图中就以顶点的 Z 轴移动为主,根据参考图,对新添加的线条与顶点进行微调,着重注意鼓起连接的鼻子区域和上嘴唇区域,然后沿嘴角上端线条向内压,并在腮帮子区域再次鼓起,上嘴唇压住下嘴唇,使下巴圆润,这些都是皮卡丘的典型面部特征(见图5.28)。

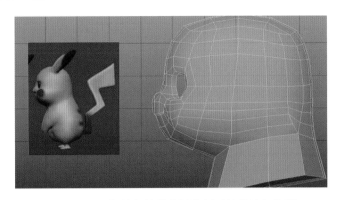

图5.28　根据添加的线段调整侧面的结构与轮廓

在透视图中确认耳朵的四个面,微调成一个八边圆柱状态,然后进行挤出,缩小并微微向上提一些。因为皮卡丘的耳朵形似兔子,从横截面来看,类似于吃豆人的样子,前凹后圆(见图5.29)。

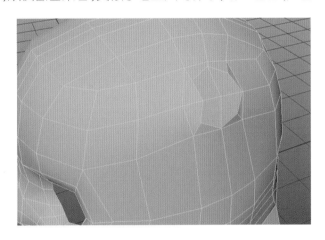

图5.29　挤出耳朵的横截面

选择耳朵横截面的四个面进行挤出,然后缩小顶端,增加三段线,通过缩放和移动工具调节到如图5.30所示效果。

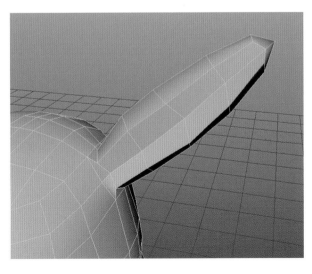

图5.30　挤出并调整耳朵的外形

按 3 键光滑预览,观察皮卡丘耳朵的状态(见图 5.31)。

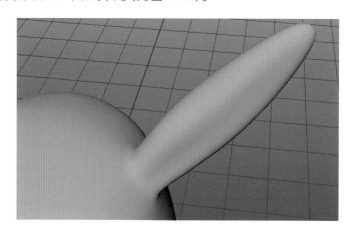

图 5.31　光滑预览观察耳朵

将视角由下往上看,观察嘴巴的弧度、鼻子以下区域的圆润状态,以及嘴角的状态。多角度观察,多按 3 键光滑预览,使用移动工具或者针对边的编辑边流命令随时调整不合理的位置(见图 5.32),同时挤出小鼻子的厚度。(皮卡丘的嘴巴的线条形态是角色是否像的关键因素。)

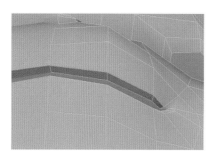 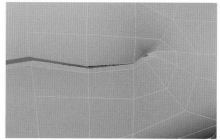

图 5.32　不同角度观察及调整模型

调整完毕后再次光滑预览观察皮卡丘模型(见图 5.33)。

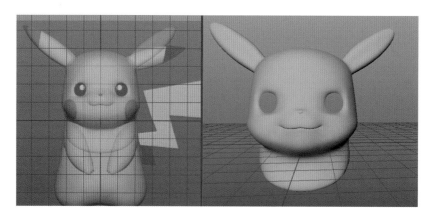

图 5.33　光滑预览整个角色

光滑预览后角色正面脸部的布线状态如图 5.34 所示,供大家参考调整。耳朵因为右耳耷拉,所以我们以左耳为标准对位。

创建多边形圆球,并指定黑色材质,放大圆球匹配到眼眶区域,调整眼眶周围的顶点使其包裹住圆球。需要注意的是眼珠子一定不能压扁,因为它之后的装配绑定会左右移动盯着目标,压扁后移动眼球会变形。

图 5.34　光滑预览后的角色正面脸部布线

同时我们制作一个小球压扁,指定一个颜色与环境色都为白色的兰伯特材质球,作为眼球上的高光(见图 5.35)。

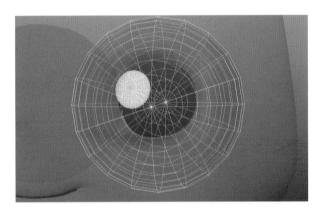

图 5.35　创建多边形圆球制作眼球

包裹眼球的时候,最好在光滑预览状态下对脸部模型进行调整,做到四周都没有露出,并随时注意眼眶各个角度的轮廓形态,不能为了包裹眼球而变形(见图 5.36)。

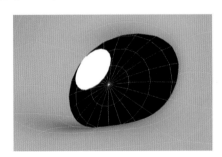

图 5.36　不同角度对眼球的包裹状态

添加了眼球的皮卡丘,雏形初现(见图 5.37)。

脸部的收形阶段,对脸部一些不合理的地方进行调整,强调特征。要特别注意眉弓的状态,以及上嘴唇区域与脸蛋的波浪状曲线(见图 5.38)。

图 5.37　皮卡丘添加眼球后的光滑预览状态

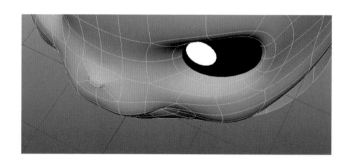

图 5.38　最后微调皮卡丘的脸部

第三节
角色身体部分的制作

选择脖子底部的面,整体向下挤出,一直拖拽到胯部,并使用缩放工具沿着 Y 轴压平。在身体上添加三圈线,在前视图中整体缩放调整身体轮廓线(见图 5.39)。

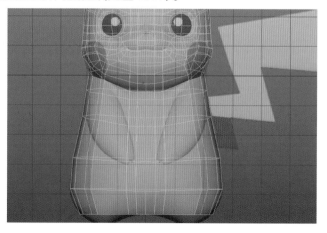

图 5.39　向下挤出皮卡丘的身体

　　将视图切换到侧视图,发现侧面惨不忍睹,因为我们没有顾及圈线在侧面的位置,针对 Z 轴进行缩放和移动,观看参考图,将皮卡丘胖乎乎的身体调整出来(见图 5.40)。

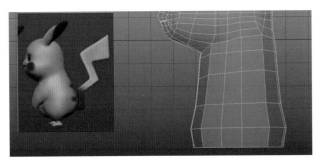

图 5.40　调整身体的侧面造型

　　继续向下挤出一小段胯部,将视图旋转到底部,将大腿横截面调整成圆柱体形态,然后向下按照腿部轮廓挤出(见图 5.41)。注意留出中间胯部区域的那几个面,进行人物建模的时候,这里也是必须保留的,这样才能形成腹股沟区域结构。

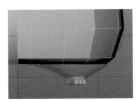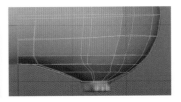

图 5.41　向下挤出腿部

　　观察侧面参考图,继续向下挤出皮卡丘的脚跟,然后向前挤出。因为有四个面,但是皮卡丘的脚只有三个脚趾,所以我们适当缩小中间的那两个面,然后将三个脚趾分别挤出,前端缩小一些。在脚趾横向加上一圈线,调整得鼓起来一些,将脚面区域同样调整出弧度的感觉(见图 5.42)。

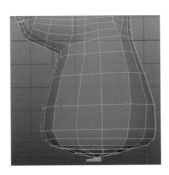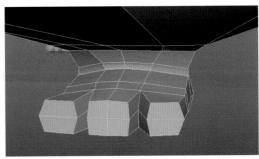

图 5.42　继续向下制作出小脚

　　光滑预览观察,中间的脚趾前端的面还可以变得更小一些,不过整体的效果基本上出来了(见图 5.43)。切换回透视图,按照前视图的参考图将小脚适当向外旋转,做出一个略呈外八字的效果,这样不至于呆板。

　　观察参考图,发现皮卡丘的手臂区域较为靠近身体正面,这和人体结构是不同的,我们在制作的时候需要抓住这一特征。选择正确的手臂面片区域并挤出(见图 5.44)。

　　通过添加圈线和缩放、移动调节手臂的形状和轮廓,因为考虑到后续的绑定工作,所以将手臂向下延伸,摆出 A pose。肩部和肘部都以两段圈线制作,方便弯曲变形(见图 5.45)。(如果是动画项目,在关键的动画关节区域应该添加三圈线,拥有足够的线段才能更好地支撑各种动画的表演。)

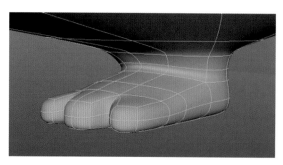

图 5.43　光滑预览观察小脚

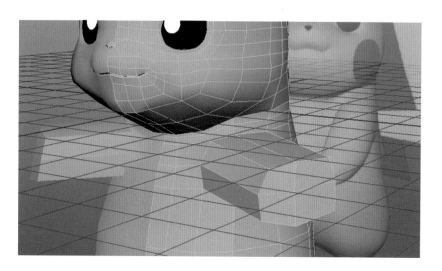

图 5.44　挤出手臂

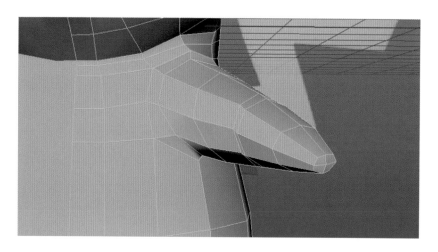

图 5.45　调整并完善手臂造型

　　从顶部向下看,手肘是有一定的弯曲弧度的,方便添加骨骼关节后拥有正确的极向量约束角度(这个是装配术语,我们知道即可),根据图 5.46 调整到合理状态。

　　皮卡丘的手指有三个,但是我们挤出的手掌范围只有上下四个面,唯一的办法就是改线,将面调整成六个。我们删除手掌区域中间的那条线,同时记得删除在线上残留的顶点。然后使用多切割工具沿着手臂到手掌的中线处绘制两条分叉的线,手背布线相同,将手掌的面划分成六个,这样就能满足皮卡丘的手指绘制需求了(见图 5.47)。

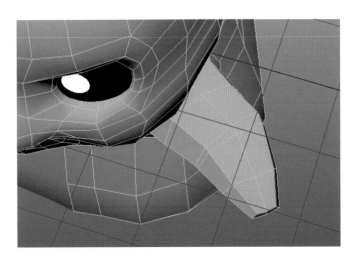

图 5.46   从上端观看手臂的形态

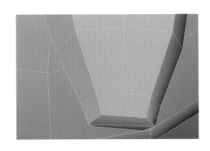 

图 5.47   修改手掌的布线

然后每两个面进行挤出并缩小,根据参考图微调位置(见图 5.48)。

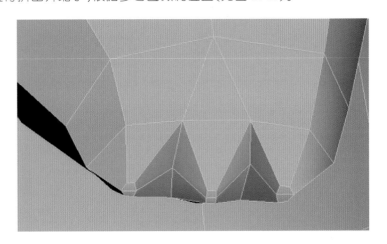

图 5.48   手指的挤出制作

按 3 键光滑预览观察手指与手臂状态(见图 5.49)。

尾巴的制作很简单,通过多边形方块加线挤出,对位参考图调整顶点的位置,然后选择除模型连接的斜线以外的其他所有线段,使用编辑网格菜单下的倒角命令,将分数调小,这样就做成了闪电般尾巴的效果(见图 5.50)。然后稍微旋转一下,把插入皮卡丘身体的那个看不见的面删除。

至此,皮卡丘的建模工作基本完成(见图 5.51),在整个模型制作的收尾阶段,我们依然需要多旋转观察,调节不合理的地方,特别是角色的外轮廓以及关键结构位置。肚子和臀部也可以收一下,不要过于圆润。

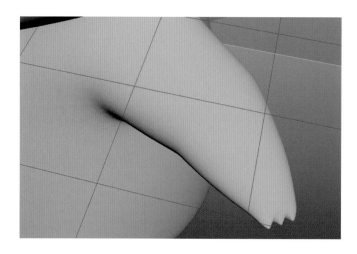

图 5.49　光滑预览手指与手臂

图 5.50　尾巴的制作

图 5.51　皮卡丘的模型制作工作基本完成

第四节
角色的 UV 分展

　　Maya 2018 的 UV 模块得到了很好的强化,它整合了专业 UV 软件 Unfold3D 的全部功能,可以很方便地分展角色 UV。在分展 UV 的过程中,我们只需要三个大的步骤:首先,我们对角色进行一个平面或者圆柱形映射操作,将整个角色的 UV 块整合在一起;然后我们对角色明显凸起的区域进行剪切,将剪切下的物体在较为隐蔽的地方剪切出一条线,方便后续展平;最后,点击 UV 编辑器里修改菜单下的展开命令,对角色 UV 进行一键展开,方便快捷。

　　选择皮卡丘模型,使用 UV 下的圆柱形命令,对模型进行圆柱形映射(见图 5.52)。

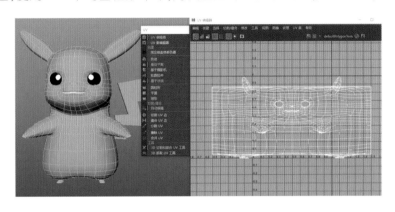

图 5.52　对皮卡丘模型进行圆柱形映射

　　首先切开明显凸起的耳朵,选择耳朵下面的圈线,点击 UV 编辑器里切割/缝合菜单下的剪切命令将其剪开,剪开后的边线呈粗白色显示(模型边界线段也同样呈粗白色显示),然后将耳朵顶部的线段剪开,不要剪切耳朵底部,否则耳朵在展开时就成为两瓣了。然后剪切脖子的圈线,将身体和头部分离(见图 5.53)。

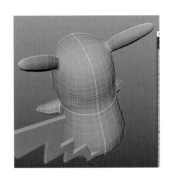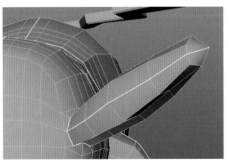

图 5.53　将皮卡丘的耳朵和脖子进行 UV 剪切

　　手臂也是身体上明显凸起的部位,我们同样需要将手部的圈线剪切开来,同时也将手掌剪开,然后沿着手臂背部的线段进行剪切,一直到手指边缘,以方便展平(见图 5.54)。

　　大腿也是明显凸起的区域,按照图 5.55 进行剪切。注意脚板是剪切整个圈线,脚脖子和脚部是剪切分开的,腿部接缝的线段就定义到大腿和脚部的背后,直接进行剪切操作。

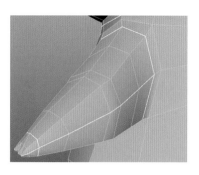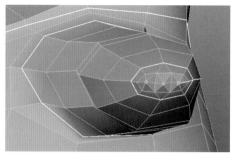

图 5.54　将皮卡丘的手臂区域进行 UV 剪切

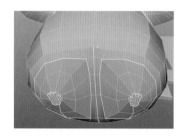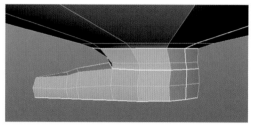

图 5.55　将皮卡丘的腿脚区域进行 UV 剪切

身体背后沿着胯部中线向后走一直到脑袋上左右延伸,如图 5.56 所示,这样展开的头部和身体 UV 块不至于有明显的拉伸。而且对于人形角色来说,背后有衣服挡住,头顶会生长头发,绘制贴图时的 UV 接缝不会很明显,因而这样切开是一个很好的 UV 解决方案。最后把小鼻子圈线切开,不切也行,主要是考虑面部的拉伸问题,可以根据展开效果来决定。

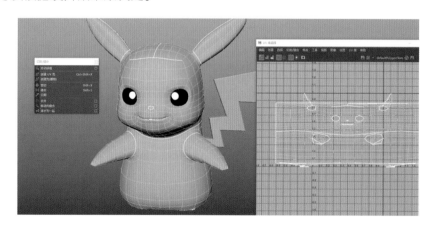

图 5.56　整个皮卡丘模型的线段剪切完毕

直接选择模型,点击 UV 编辑器里修改菜单下的展开工具(快捷键 Ctrl+U),对模型 UV 进行一键展开(见图 5.57)。点击 UV 编辑器的■按钮,显示模型的正反面颜色。正面呈蓝色显示,反面呈红色显示,方便辨认。

在 UV 编辑器里的 UV 块上按鼠标右键选择 UV 级别,框选所有的 UV 点。然后点修改命令下的排布,这样所有的 UV 块会不重叠地分布在整个 UV 编辑器的 0—1 空间内(见图 5.58)。(0—1 空间是贴图的基本显示空间,超出的坐标范围会无限平铺 0—1 空间里的贴图纹理。UV 块如果超出这个空间,则会在模型上显示出错误的贴图效果,除非我们对材质定义纹理,否则不要让 UV 块超出 0—1 空间区域。)

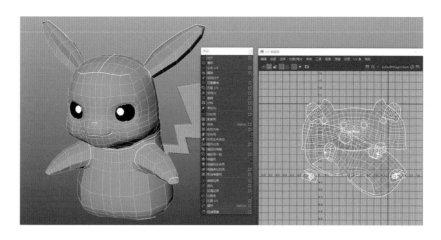

图 5.57　对模型 UV 进行一键展开

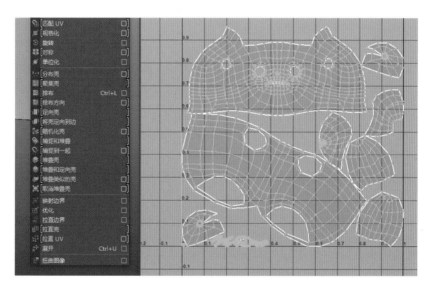

图 5.58　自动排布 UV 块

　　仔细观察 UV 块,发现有些 UV 块分展得自然合理,剪切的线段有些多余,那么我们就可以把这些能够连接的线段缝合起来。进入线级别,选择腿部 UV 块上剪切开的线,发现点选一个边,另一个边也会高亮显示,这就代表它们能够缝合(见图 5.59)。我们依次选择边后,点击切割/缝合菜单下的移动并缝合,将这几个边缝合在一起。然后点击 UV 编辑器修改菜单下的优化命令,对当前 UV 块进行分展优化。

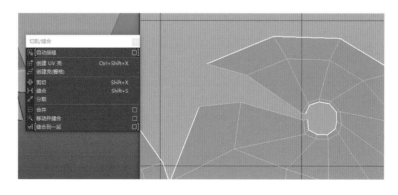

图 5.59　缝合 UV 块上的线

尾巴的分展很简单,直接在尾巴上部切出一条线,然后点击展开,自然展平(见图 5.60)。

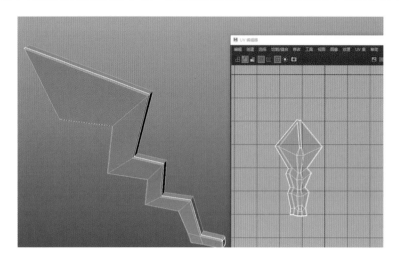

图 5.60　尾巴的 UV 分展

然后逐步调整每个 UV 块在 0—1 空间中的位置,尽量保持 UV 自动排序的大小,同时不要让各个 UV 块的边界过于靠近,以免绘制贴图时因为笔触过大而波及。同时选择模型和尾巴,将它们分布在一张贴图中。图 5.61 所示的 UV 块的排列将两个耳朵的位置重叠在一起,所以以视图中显示有一只耳朵是红色的,即反面。这样我们在绘制贴图时绘制一个耳朵即可。另外,脚部和脚板等不太重要的 UV 块放置在了身体 UV 块的空隙处,尽量节约空间,避免浪费像素。不过我们的皮卡丘因为是卡通渲染,贴图绘制并不复杂,只需要把比较明显的固有色绘制出来就足够了。

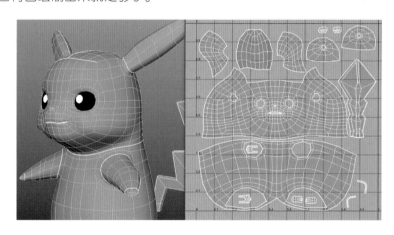

图 5.61　所有 UV 块的排列和布局

第五节
角色的贴图绘制

导出分展完成的 UV 对位图,方便在绘制贴图时确定纹理的位置:在模型是对象模式的状态下(同时光滑预览),点击 UV 编辑器里图像菜单下的 UV 快照,在设置中点击浏览,设置贴图保存位置;修改图像格式为 JPEG,然后根据需要调整图像像素大小,本例设置为 2048(见图 5.62)。

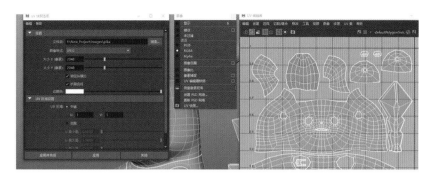

图 5.62　导出 UV 对位图

导出的 UV 对位图是黑色底、白色线,在 PS 里点击 Ctrl+I 将图像黑白反相(见图 5.63)。

 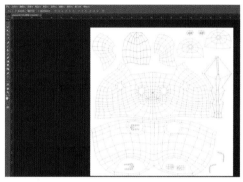

图 5.63　将 UV 对位图进行黑白反相

新建图层,为整个图像设置皮卡丘的固有色黄色,根据参考图和 Maya 中模型的位置确认需要绘制的贴图位置,主要是黑色的耳朵尖、红扑扑的脸蛋、黑色的小鼻子,以及红色的尾巴底部,另外还有背上的两块红色区域(见图 5.64)。因为中间存在接缝,所以处理时注意左右边缝笔触的大小尽量一致。

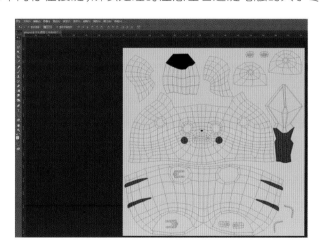

图 5.64　使用 PS 绘制贴图

最后将绘制好的皮卡丘固有色保存为 JPG 格式即可,注意保存的时候要隐藏对位 UV 层,否则将贴图贴到角色身上后,会有难看的线框(见图 5.65)。

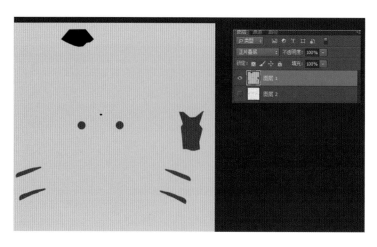

图 5.65　保存绘制的贴图

第六节
Maya 软件渲染设置

　　为皮卡丘指定一个兰伯特材质,在颜色后面的纹理按钮处点击,在弹出的纹理窗口中选择文件,指定刚才绘制的 JPG 图片,并把环境色参数提高(见图 5.66)。

图 5.66　皮卡丘的兰伯特材质设置

　　Maya 软件渲染无法直接渲染出光滑预览的效果,我们选择皮卡丘模型,点击网格菜单下的平滑命令,对皮卡丘进行 1 级别分段的平滑,可以看到目前的效果基本和光滑预览一致,只是线段增加了许多(见图 5.67)。

　　在一盏默认灯光的情况下,直接将 Maya 软件选项卡下的抗锯齿质量调节为中等质量,渲染后得到如图 5.68 所示的效果。

　　下面为皮卡丘添加 Maya 自带的卡通轮廓线。选择模型,将模块切换到渲染,在卡通菜单下找到指定轮廓,点击后面的添加新的卡通轮廓(见图 5.69)。

图 5.67　对皮卡丘模型进行平滑

图 5.68　提高抗锯齿质量后的渲染效果

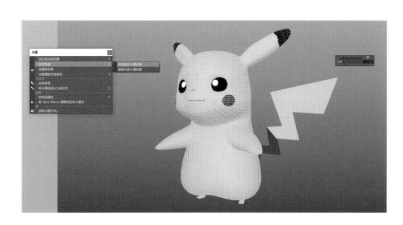

图 5.69　为皮卡丘添加卡通轮廓

在轮廓线的属性中可以尝试对线宽度和线末端细化等参数进行调节(见图 5.70)。

图 5.70　调节轮廓线参数

使用默认的轮廓线设置对皮卡丘进行渲染(　　sRG 关闭),如图 5.71 所示。

轮廓线描边是卡通渲染效果的灵魂,除了材质本身,它也是一个非常重要的参数。下一节我们将使用 Maya 中另外一个非常强大的阿诺德渲染器,用它自带的卡通材质来进行卡通渲染,可以试着比较一下两者的优劣。

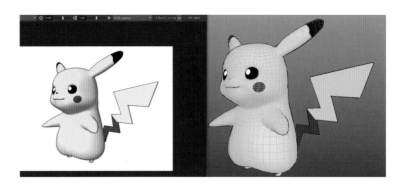

图 5.71　添加轮廓线后的 Maya 软件渲染效果

第七节
阿诺德渲染器渲染设置

阿诺德渲染器是一款高级渲染器,是基于物理算法的电影级别渲染器,由 Solid Angle SL 开发。Maya 2017 版本开始内置阿诺德渲染器,而取代了之前的 Mental Ray 渲染器,成为动画行业中的标杆。

阿诺德渲染器与 Maya 软件渲染器最大的区别是,Maya 软件渲染器是直接光照渲染器,无法计算间接照明效果,而阿诺德渲染器可以根据漫反射反弹计算出间接光照效果,它的 aiStandardSurface 材质球可以称为万用材质球,能够调节出许多不同的物体质感效果。我们在这里主要是介绍阿诺德渲染器中的卡通材质渲染效果。

在材质编辑器中的 Arnold 下找到 aiToon 材质并创建,指定给皮卡丘(见图 5.72)。

图 5.72　为皮卡丘指定阿诺德卡通材质

我们先为皮卡丘创建一个平面作为地面,材质选择默认即可。创建一个平行光作为主光源,从左至右进行照射,方向略微靠前,这样阴影就会出现在斜右后方。打开平行光的属性面板,将 Arnold 的卷展栏打开,这里是灯光的阿诺德属性。我们将灯光的默认强度保持为 1,将 Exposure 增加为 2(见图 5.73),这是灯光强度的一个倍增属性。阿诺德基于真实渲染,所以灯光强度相对于 Maya 软件渲染会有一定的衰减,而这个倍增值则会快速地增加灯光在阿诺德渲染中的强度值。

图 5.73　设置平行光并调整灯光参数

　　阿诺德拥有专属的渲染窗口,即 Arnold 菜单下的 Open Arnold RenderView(第一个 Render 则直接弹出渲染窗口并渲染当前帧)。这个渲染窗口最大的特点就是能够实时渲染,阿诺德会把画面分三个阶段进行渲染,修改、调整参数时会立刻重新渲染,不过这样也会损耗比较大的系统内存,从而使计算机变慢。实时渲染的开关就是渲染窗口右上角的红色三角形箭头,激活后点红色方块就可以关闭,然后点旁边的激活按钮渲染当前帧。

　　这里直接点击激活渲染,观看目前直接照明的效果,此时的背景过于黑了(见图 5.74)。

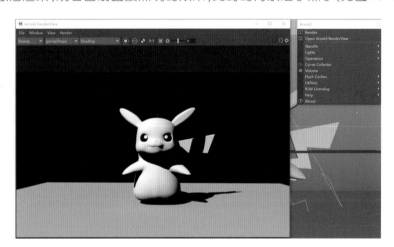

图 5.74　阿诺德渲染器

　　将地面的平面复制一个,旋转 90°作为背后的背板,然后给它指定一个灰蓝色的阿诺德 aiFlat 材质,它只显示颜色,不会受灯光和光能传递的影响(见图 5.75)。

图 5.75　制作背景板

创建一个 Arnold 菜单下 Lights 命令后面的 Skydome Light,作为环境色照明,将环境灯光的强度设置为 0.8(见图 5.76),这是一个非常好的环境球灯光,很适合制作环境照明光源。

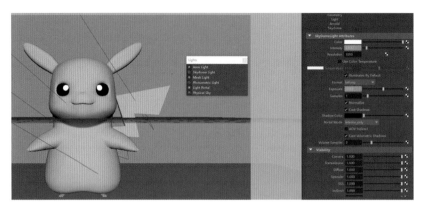

图 5.76　创建阿诺德天光

接下来调整皮卡丘的卡通材质属性。点开 Base 卷展栏,这是材质表面质感的基础属性。我们将 Color 右边贴上之前绘制的纹理贴图,并将 Weight 固有色的显示级别调到最高(见图 5.77)。

图 5.77　修改卡通材质的基础颜色属性

打开 Edge 卷展栏,这里是卡通材质的轮廓线属性,勾选 Edge 发现轮廓线并不会出现,这是因为旁边写明了需要配合卡通滤镜使用(requires contour filter)(见图 5.78)。

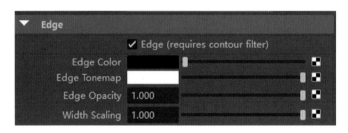

图 5.78　勾选卡通材质的轮廓线

打开渲染设置,将渲染器改为 Arnold,在 Arnold Renderer 下面找到 Filter 滤镜,把滤镜类型修改为 contour 卡通(见图 5.79)。

图 5.79　将阿诺德渲染器下的滤镜设置为卡通

再次渲染,发现轮廓线已经出现在皮卡丘边缘了(见图 5.80)。

将 Width Scaling 线宽度修改为 0.7,并在渲染设置中将 Diffuse 漫反射采样提高为 3,相应的 Camera (AA)也适当提高到 4,再次渲染得到最终效果(见图 5.81)。

图 5.80　渲染出轮廓线

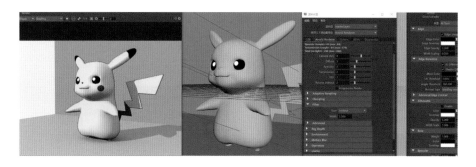

图 5.81　更改阿诺德渲染采样和轮廓线宽度渲染出最终效果

第八节
Pencil＋4 卡通材质渲染设置

　　Pencil＋4 是一个卡通渲染插件,最早出现在 3ds Max 中,现在也推出了支持 Maya 的版本。Pencil＋4 基于 Maya 软件渲染下的专属卡通材质模块,渲染速度快,卡通效果也很好,现在广泛应用于"三渲二"的商业动画项目中。

　　软件的安装文件放在了本例的素材包中,目前支持 Maya 2016～Maya 2019 版本。安装完毕后,在窗口—设置/首选项右边的插件管理器中可以找到,勾选图 5.82 所示的四个选项,下次打开 Maya 时会自动加载,然后我们会在 Hypershade 材质编辑器中发现新增加的 Pencil Material 材质球。

图 5.82　加载 Pencil＋4 插件

　　Pencil＋4 的卡通材质同样需要一盏聚光灯,它可以确认角色表面的受光区域与暗部的范围,以及产生阴影(见图 5.83)。

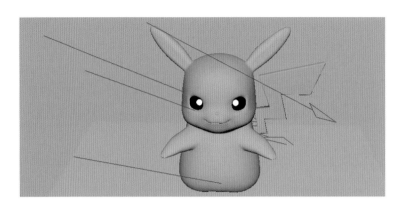

图 5.83　确认主光的方向

　　为皮卡丘指定一个 PencilMaterial 材质球,向下拉到 Gradation 渐变(见图 5.84),这是这个材质的核心属性,它代表了模型表面的色彩分布范围。因为二维动画的上色是基于赛璐珞片的分色,所以这个渐变属性实际上就是模拟赛璐珞片的效果。

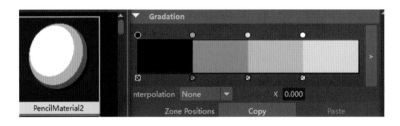

图 5.84　PencilMaterial 材质球的渐变属性

　　我们点击渐变色条下的"×",将渐变色区域只保留两个,渲染画面观看角色身上的分色区域。一般二维动画的角色只有固有色和暗部颜色以及高光,我们保留两个点,以此来模拟固有色和暗部颜色。将暗部那个点的 nterpolation 属性改为 Smooth,这样两个色彩区域的过渡不会很硬,会有渐变的光滑效果,这是传统二维绘图软件很难绘制的(见图 5.85)。

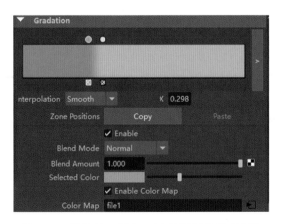

图 5.85　调整 PencilMaterial 材质球的渐变参数

　　Color Map 是贴颜色贴图的位置,每个渐变色点都需要贴,如果贴图的颜色一样,这样贴上去的效果是相同的。对于暗部颜色色点的贴图,我们需要在 PS 中将整体明度降低一些,然后单独保存为一个图像文件(见图 5.86)。将这两张贴图(固有色贴图是 pika_c,暗部颜色贴图是 pika_c2)分别指定给两个渐变色点。

　　渲染后发现皮卡丘具有明显的二维动画特征(见图 5.87),而且当我们轻微旋转灯光,再次渲染时,会看

pika_c.jpg

pika_c2.jpg

图 5.86　根据固有色贴图生成一张暗部颜色贴图

到暗部与固有色的分色范围也发生了变化。这就是 Pencil Material 强大的"三渲二"效果,简单实用。

图 5.87　皮卡丘的"三渲二"卡通效果

接下来就是 Pencil＋4 轮廓线的创建了。我们点击 Pencil＋4 菜单下的 Open Line Window 命令,在弹出的 Pencil＋4 Line 窗口中点击 Add,创建一个 PencilLine1 节点。在右边该节点的属性编辑器中,点击 Line Sets 下面的█,选择 LineSet1 节点 ,在 Objects 下面的█添加皮卡丘模型和尾巴模型,让轮廓线节点和模型相关联(见图 5.88)。

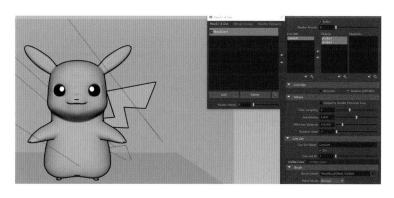

图 5.88　连接模型与轮廓线节点

再次渲染,模型身上已经有了轮廓线了,不过初始状态下的轮廓线有些难看(见图 5.89)。

笔刷的颜色可以在 Brush 下的 Color 参数中进行调整,Size 可以调整线条的粗细。点击 Brush Details 右边的█,进入笔刷设置,在 Stroke Size Reduction Settings 下勾选 Enable(见图 5.90),激活曲线对笔刷的控制,轮廓线会根据曲线的位置呈现手绘般的笔触粗细变化。(尾巴如果有过多线条可以点击网格显示命令下的软化边。)

图 5.89　默认状态下的轮廓线

图 5.90　控制轮廓线的两个十分重要的参数

　　再次观察渲染效果,会发现鼻子上下有比较难看的线段,嘴巴也是一根较粗的线条(见图 5.91)。回到 PS 中,在 UV 对位图上新建一层,绘制不会出现线条的区域(见图 5.92),白色部分可以出现线条,黑色部分则不会,通过这张图减除难看的线条(隐藏 UV 对位层)。

图 5.91　轮廓线呈现手绘般的笔触效果

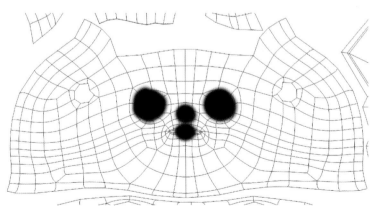

图 5.92　绘制不会出现线段的区域

将这张图贴到 Brush 卷展栏下的 Size Map 下(见图 5.93)。

图 5.93　将限制线条区域的图像贴到 Size Map 属性上

再次渲染,发现因为贴图的限制,难看的线条都消失了(见图 5.94)。

图 5.94　渲染后发现脸部线条问题得到了解决

在渲染设置中提高渲染尺寸,将抗锯齿质量更改为产品级质量,将像素过滤器宽度 X、Y 都设置为 1.8。调整角度再次渲染,得到最终的渲染效果(见图 5.95)。

图 5.95　更改渲染设置获得最终渲染效果

Sanwei Donghua Moxing yu Xuanran

第六章
次世代游戏操作案例
——武器制作

通过这个案例(见图 6.1),读者能掌握次世代游戏操作的完整流程。中模卡线的制作,ZBrush 高模雕刻细节,游戏低模的拓扑,分展 UV,烘焙贴图,在 Substance Painter 里绘制贴图,在八猴引擎里展示模型,使用的软件比较多,互相配合才能高效率地完成一个高质量的作品。

> **案例知识点**

(1)在 Maya 里使用多边形制作中模并进行卡线;

(2)ZBrush 雕刻技巧;

(3)用 TopoGun 进行低模拓扑;

(4)UV 拆分;

(5)在 Substance Painter 中绘制贴图。

图 6.1　次世代游戏操作案例——武器制作

第一节
多边形中模制作

把图片导入 Maya 里,用 Shift 加右键创建多边形工具,制作原画中的硬表面的物体(见图 6.2)。

图 6.2　在 Maya 里搭建基础模型

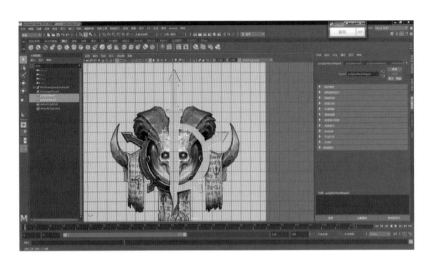

续图 6.2

现在多边形我们只是做了一半，另一半需要镜像。镜像完成后发现目前的多边形只是面片，我们需要挤出厚度，并在转折处进行卡线锁边，制作成拥有更多细节的模型（见图 6.3）。具体的建模过程就不详细讲解了，大家可以自行尝试。

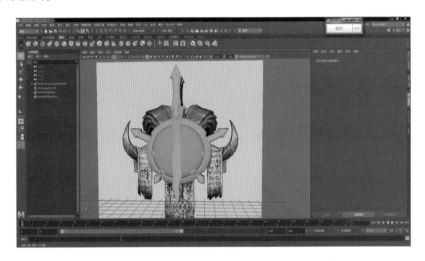

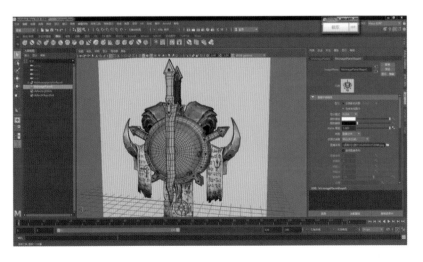

图 6.3　多边形中模制作

第二节
在 ZBrush 中进行中模搭建

在案例中除了硬表面还有一些生物建模,这时候就需要用 ZBrush 去完成。用 ZBrush 的球型快速塑造形体,这里不需要雕刻得多么细致,我们只是雕刻粗模来定整体的比例。我们可以将 Maya 中创建好的中模保存为 OBJ 格式,然后在 ZBrush 右边的载入处导入这个模型,在 ZBrush 里摆好,以方便观察比例(见图 6.4)。

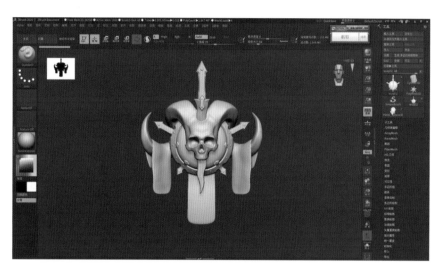

图 6.4　在 ZBrush 中进行中模搭建

参考原画进行雕刻,雕刻用到的笔刷有 Move 笔刷(移动大型)、ClayBuildup 笔刷(快速增加黏土出形)、Standard 笔刷(雕刻模型上的细纹)、TrimDynamic 笔刷(压平雕刻效果),利用它们进行雕刻。对骷髅进行初步精细雕刻,对犄角压平产生块面感就行。通过一系列修整让模型看起来更具整体感(见图 6.5)。

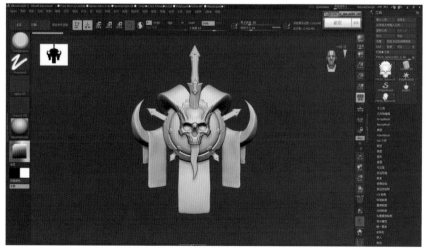

图 6.5　在 ZBrush 里进行模型精致雕刻

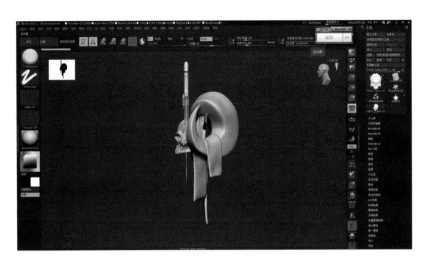

续图 6.5

　　接下来我们要对犄角进行初步的雕刻和定位。根据原画分析它上面是一层叠一层的关系,如果在 ZBrush 直接雕刻效果不是很好,也无法调整出我们需要的效果。所以我们采用一个比较精致的做法:先在 ZBrush 中简单地雕刻层级关系(见图 6.6),再对模型进行拓扑,接着在 Maya 中调整形状、挤出厚度并卡线,这样做出的犄角层级感明显,调整也方便许多。

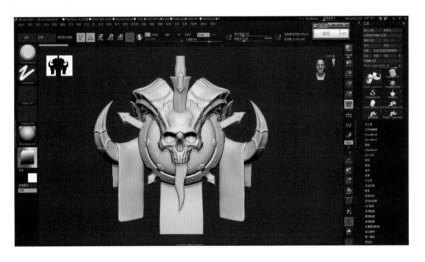

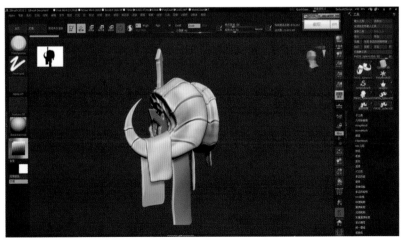

图 6.6　在 ZBrush 中雕刻犄角的层次

准备导出模型。由于在 ZBrush 中雕刻的物体面数比较高,需要在 ZBrush 自带的 Z 插件里进行减面(见图 6.7)。

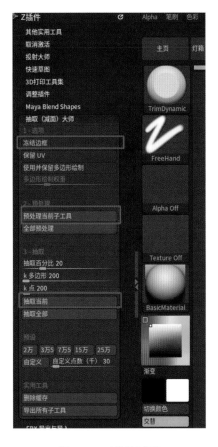

图 6.7　对物体减面

把刚才减面的物体导入 TopoGun 软件里,TopoGun 是一个专门用于模型拓扑的软件,这里使用它拓扑出一个一个的犄角层级。这个软件比较简单,视窗的操作跟 Maya 一样,鼠标右键是选择和绘制的切换键。在 ZBrush 中雕刻的模型上拓扑出的比较少的多边形,我们称之为低模。高模雕刻时形体要准,拓扑出的低模形状就不会太难看(见图 6.8)。

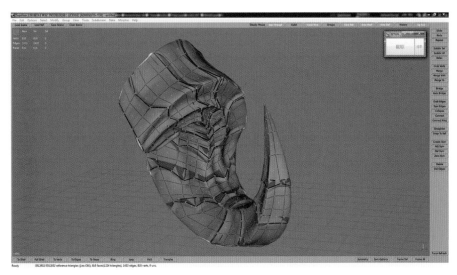

图 6.8　在 TopoGun 中拓扑低模

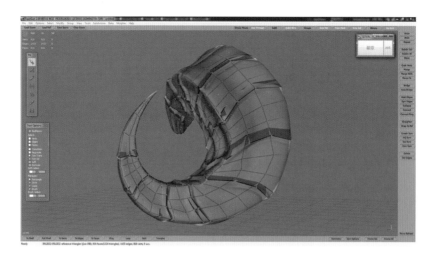

续图 6.8

　　将拓扑好的模型导出为 OBJ 文件,并导回到 Maya 中,在 Maya 里使用移动工具调整顶点、边或者面。通过对形状的修整,让整个形体更加流畅一些,并对模型穿插部分进行卡线,调节出一层压一层的效果(见图 6.9)。

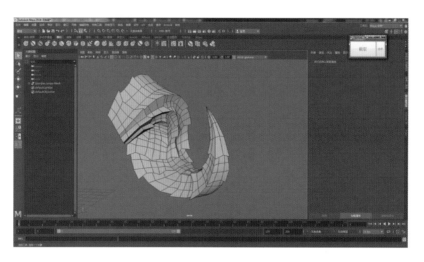

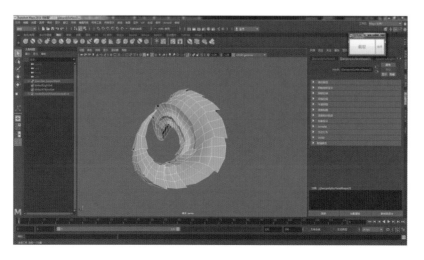

图 6.9　拓扑犄角低模

在这个低模基础上加圈线,边缘卡线并调整,逐步制作成高模(见图 6.10)。

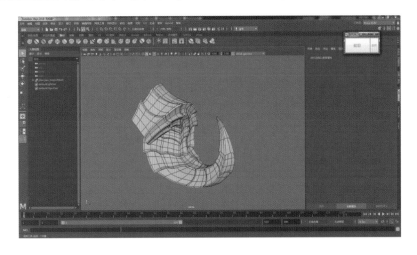

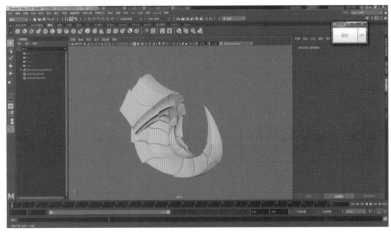

图 6.10　在拓扑低模上卡线制作成高模

现在看这个犄角比较生硬也没有细节,这是因为我们并没有深入雕刻。我们将犄角模型导回 ZBrush 里进行雕刻,把质感雕刻出来,并雕刻出破损的层次,这是一个需要静下心来的细致工作。然后对布料和金属进行细节雕刻,让作品更加完整。必要的时候可以在笔刷上添加 Alpha,来雕刻出具体的纹饰。在布料上我们需要多制作一部分,因为在贴图部分会使用到透明贴图。不断完善到如图 6.11 所示的效果,到这里高模阶段的雕刻工作算是告一段落了。

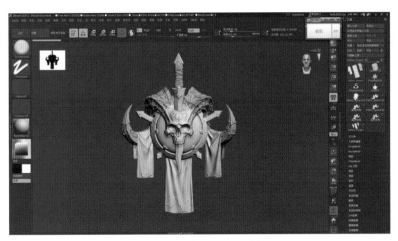

图 6.11　进行高模细节雕刻处理

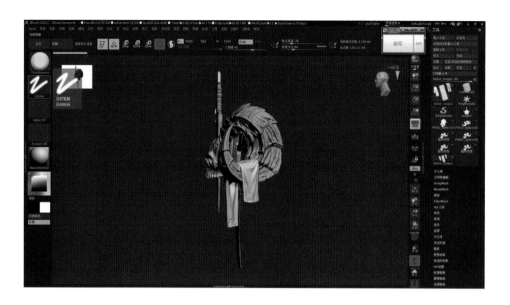

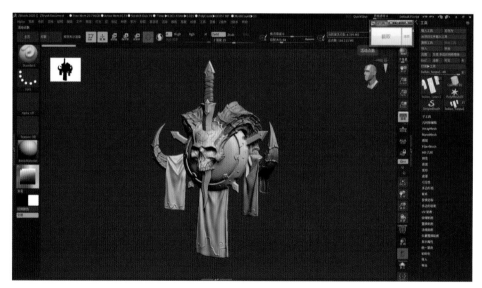

续图 6.11

第三节
在 TopoGun 中拓扑低模

　　接下来把高模部分在 ZBrush 中分别减面导出 OBJ 文件,在 TopoGun 里拓扑出游戏低模(见图 6.12 至图 6.14)。大家还记得之前犄角部分也进行过拓扑,那么跟这次拓扑有什么区别呢? 前面拓扑是为了把犄角层次独立制作好,以方便调整和雕刻,拓扑面数也高一些。这次的拓扑是游戏里能用的低模,只保留表面的结构,然后通过烘焙法线来呈现模型上的细节,这样模型的面片会非常精简,每一条边、每一个点都是卡在转折的结构上。特别需要说明的是,游戏模型和动画会有一些区别,因为引擎的原因,游戏模型允许三角面的存在,但不要出现五边及以上的面。

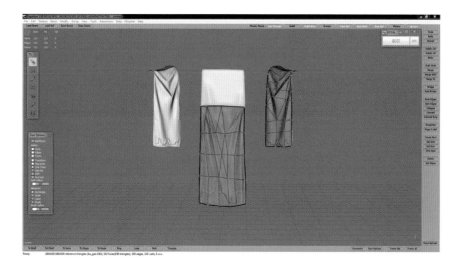

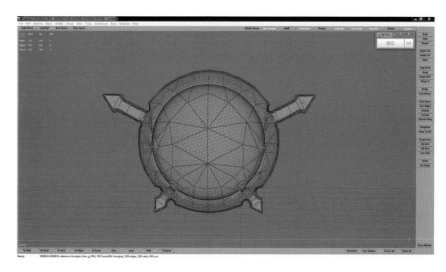

图 6.12　TopoGun 拓扑步骤 1

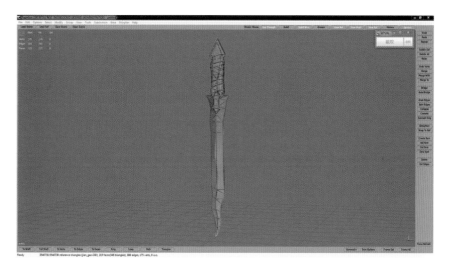

图 6.13　TopoGun 拓扑步骤 2

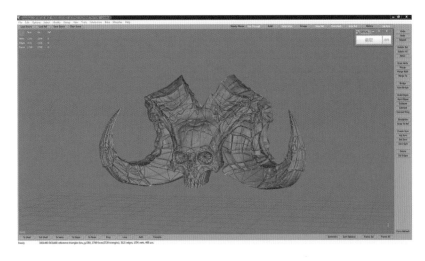

续图 6.13

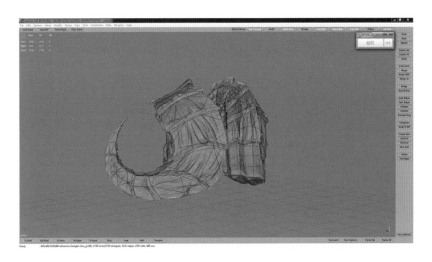

图 6.14　TopoGun 拓扑步骤 3

　　将拓扑好的低模导回 Maya 里进行 UV 拆分,并将每个 UV 块在 0—1 的空间中摆放好(见图 6.15)。UV 的作用就是把三维的模型进行展平,为了后期贴图绘制方便,拆分 UV 的边应尽可能在看不见的地方。

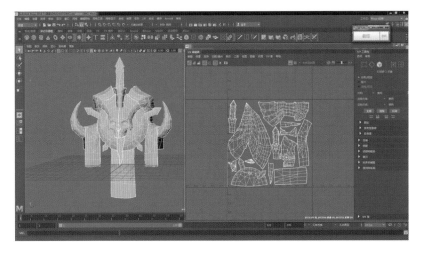

图 6.15　低模的 UV 分展

第四节
在八猴软件中进行贴图烘焙

我们需要把高模和低模都单独保存为 OBJ 文件,并放在八猴软件里进行高低模烘焙。也就是说,我们需要把高模的细节烘焙到低模上,输出一张贴图,这里我们需要烘焙法线贴图、AO 贴图。在八猴软件里点开 Baker,下面有 High 和 Low,我们需要把高模放在 High 下,把低模放在 Low 下,向下找到 Maps 卷展栏,这里就是我们可以烘焙的贴图,勾选 Normals(法线)和 Ambient Occlusion(环境遮挡,AO)意味着我们将烘焙它们(见图 6.16)。

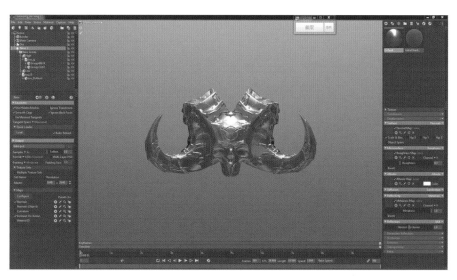

图 6.16　在八猴软件里进行烘焙

把法线贴在材质上,查看高模细节的还原程度(见图 6.17)。

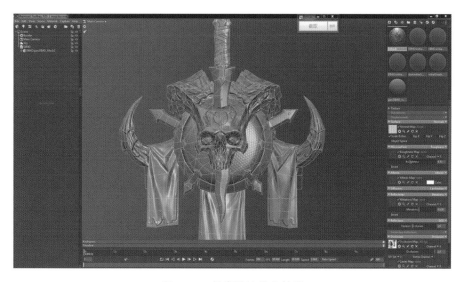

图 6.17　低模贴法线的效果

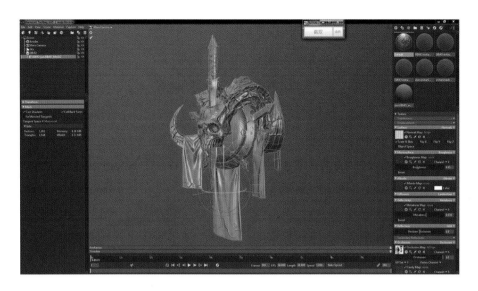

续图 6.17

第五节
在 Substance Painter 中进行贴图绘制

模型与法线贴图烘焙的准备工作完成后,我们需要打开 Substance Painter 软件进行贴图绘制。首先把完整的低模和刚刚烘焙好的贴图导入 Substance Painter 里,点开文件选择新建,在文件里放入低模,点击添加导入刚刚烘焙的贴图(见图 6.18)。

图 6.18　在 Substance Painter 中导入贴图

在纹理集设置里烘焙必要的贴图,如空间法线、曲率和厚度等(见图 6.19)。

接下来我们将烘焙好的贴图在 Substance Painter 中呈现在模型表面,准备开始对模型的纹理细节进行绘制。Substance Painter 跟 PS 绘画一样,首先给物体绘制基本颜色即固有色(见图 6.20)。

图 6.19　烘焙贴图

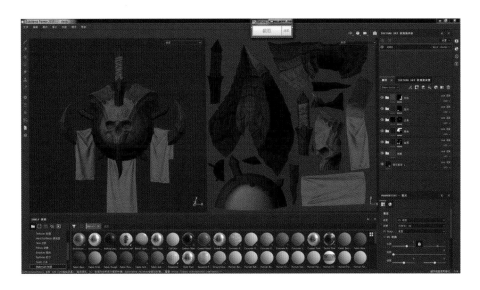

图 6.20　给物体上固有色

这里就拿金属部分进行具体分析,其他部分的思路大致一样。首先填充一个金属表面的颜色,然后右键添加一个蒙版并填充为黑色。接着在蒙版上按右键选择添加生成器,并选择 Dirt,通过里面的参数混合颜色(见图 6.21)。

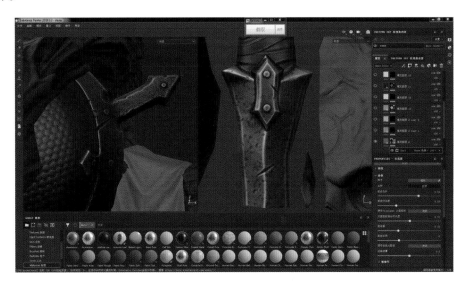

图 6.21　制作金属第一层颜色

制作金属边缘高光,方法相同。可以复制一个之前的图层,把金属边缘颜色调亮,通过缩小蒙版范围来体现边缘磨损(见图 6.22)。

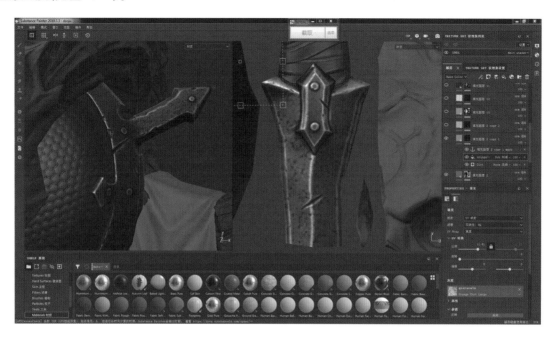

图 6.22　制作金属边缘磨损

接下来我们还需要一个更强的高光,也就是金属磨损最强的部位。复制边缘高光层,并把颜色调亮,把粗糙度调高(见图 6.23)。

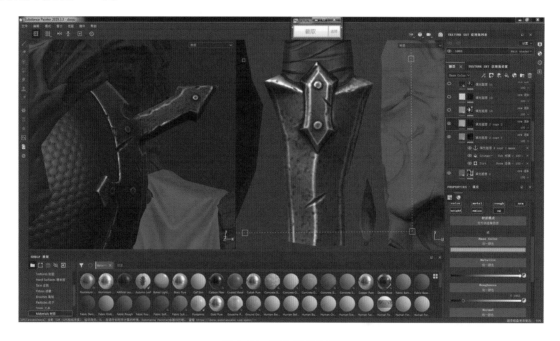

图 6.23　强化高光磨损

金属质感就先做到这里,目前整体观察感觉太干净了。我们需要将金属做旧,比如添加泥土、锈迹、划痕等效果(见图 6.24)。

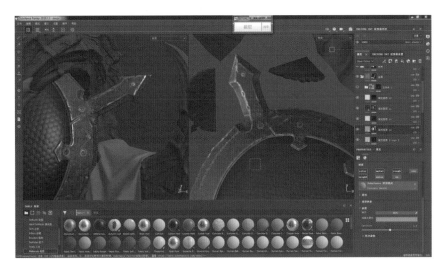

图 6.24　添加金属做旧细节

剩下部分跟金属制作思路一样,先绘制明暗对比,然后进行边缘做旧,完善表面细节(见图 6.25)。

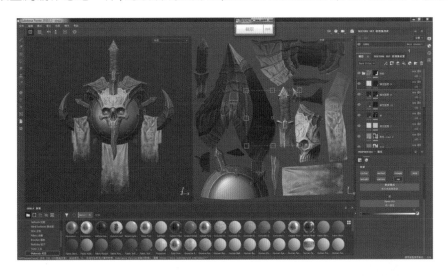

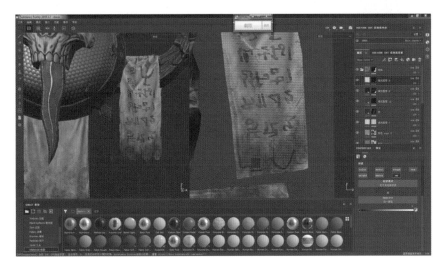

图 6.25　完成贴图的绘制

贴图绘制完成后导出(见图 6.26),并将其导入八猴软件中。

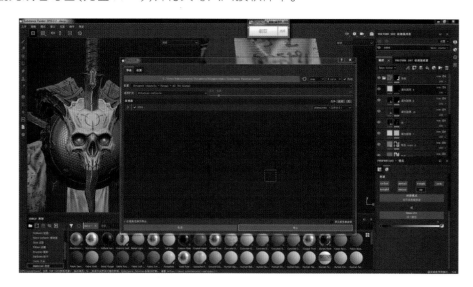

图 6.26　在 Substance Painter 中导出贴图

最后在八猴软件中展示模型,把刚刚导出的贴图贴在八猴软件的材质球上,打光截图(见图 6.27)。

图 6.27　最终完成效果